杜拉克說管理

黃榮華，徐元朝——著

精準策略，彼得杜拉克

8 大管理 DNA

PETER FERDINAND DRUCKER

目標管理 × 策略管理 × 自我管理 × 創新管理

彼得．杜拉克的 8 大管理要素，深度剖析、案例實踐！

結合理論與應用、強調創新與變革、提供目標與法則，
杜拉克的超實用管理哲學，個人或企業都不可不學！

管理意味著用思想代替體力，用知識代替慣例和迷信，用合作代替強力。

目錄

Contents

Contents

前言

他稱自己是「社會生態學家」，他對社會學和經濟學的影響深遠，他的著作架起了從工業時代到知識時代的橋梁。他對現代管理學的龐大貢獻及其管理思想的實踐性和前瞻性，為世人所公認，是「有史以來對管理理論貢獻最多的大師」。作為西方管理思想的傑出代表，他的管理思想曾對奇異、英特爾等國際知名企業的高速發展，產生了不可磨滅的影響。

他就是現代管理學界德高望重的一代宗師，被尊稱為「現代管理學之父」和「大師中的大師」的彼得·杜拉克。杜拉克研究企業管理的生涯，是從他一九四二年接受通用汽車公司的顧問邀請後正式

開始的。杜拉克在通用汽車公司進行了十八個月的詳細研究，在此基礎上，於一九四五年出版了《企業的概念》一書。在這本書中，他建議企業應該培養有「管理能力」、有「責任感」的工人，和一個「自我管理的工廠社區」。讓人沒有料到的是，杜拉克的建議在通用公司遭到了強烈的抵制，因為當時的管理階層認為，管理是一門需要深厚專業知識的學問，毫無基礎的工人是不可能懂得的。所以，《企業的概念》這本書，在當時的整個美國都沒有引起企業家們的重視，而出乎預料的是，日本人竟然能夠接受這套理論。

杜拉克後來寫道：「我在日本的聲望都來自於《企業的概念》。日本把他們能以一個經濟強國的身分出現，以及工業成就和工業生產力的發展，都大力的歸功於我。《企業的概念》剛一出版，立即就被翻譯成日文，人們懷著極大的熱情閱讀，並應用它。」

一九八三年《企業的概念》再版的時候，被冠以「現代管理學之父」以及「管理學當之無愧第一人」的杜拉克已七十四歲。

二〇〇五年十一月十一日，杜拉克在美國加州克萊蒙特家中與世長辭。這一天，距他已九十六歲生日還有八天。頗具隱喻意味的是，八十二年前的同一天，杜拉克在參加一次遊行活動時突然醒悟：自己對這個世界而言，只是一個旁觀者，於是他滿懷留戀又義無反顧的選擇了離開。杜拉克的一生，一以貫之的秉承「旁觀者」的思維理念，在教師、諮詢師、作家之間輾轉變換身分，矢志不渝的堅持他追求完美的精神，為管理學做出了史無前例的貢獻。

杜拉克的一生，是反思的一生，也是著述的一生，更是實踐的一生。他一九五四年出版的《彼得．杜拉克的管理聖經》一書，開創了管理學這門學科；一九六六年出版的《杜拉克談高效能的五個習慣》一書，成為高階管理者必讀的經典中的經典；一九七三年出版的巨著《管理的使命》被奉為管理學「聖經」；他的《創新與創業精神》、《非營利組織的管理聖經》、《杜拉克談未來管理》等書被譯成三十多種文字，傳播遍及一百三十多個國家和地區。他留給後人的遺產，是那些閃耀著真知灼見的大量著述，是過去六十多年中，他對現代企業的組織及管理所做出的思考和總結。

杜拉克是引領時代潮流的思想家，他用天才般的頭腦引領管理者進行思維創新。一九五〇年代初，他高瞻遠矚的指出，電腦的迅猛發展必將澈底改變商業模式；一九六一年，他充滿先見的提醒美國企業應該關注日本工業的崛起；一九八〇年代，又是他首先警告日本的經濟可能陷入停滯性通貨膨脹；一九九〇年代，他又率先對知識經濟進行了全面闡釋。在管理學領域，他第一次提出了組織的概念，並確立了管理學作為一門學科的地位；他是目標管理的創始人……他的研究和觀點大多具有開創性。那些我們耳熟能詳的人物，無論是「市場行銷之父」菲利浦．科特勒、領導力大師約翰．科特，還是奇異公司前 CEO 傑克．威

爾許、英特爾公司前總裁安迪·葛洛夫、微軟創始人比爾蓋茲……都曾受到杜拉克的啟發和影響。杜拉克思想對管理學界及管理實務，都產生了深遠而無可比擬的影響，他是當代最偉大的管理思想家和實踐家。

杜拉克一生以教書、著書、諮詢為業，他生活愉悅、閱歷豐富，為我們樹立了完美人生的典範。然而，他關於發展和管理的論述，散見於其諸多著作和文章中，長久以來沒有人進行專門的研究與統整。

本書擷取了杜拉克畢生作品的精華，向讀者提供了了解杜拉克管理思想體系的金鑰匙。全書從目標管理、自我管理、策略管理、人才管理、團隊管理、決策管理、組織管理、創新管理等多個方面，全面而翔實的講述了杜拉克的經典管理思想，相信一定會使讀者在較短的時間內，學習和了解一代大師的思想精髓。

重溫杜拉克的思想，領悟他一系列精闢而深邃的管理理念，肯定是一個震撼心靈的過程；更重要的是，這將使讀者的管理觀念、管理悟性和管理方法大有長進，受益一生！

第一章

為企業指明前進的方向——目標管理

並不是有了工作才有目標，而是相反，有了目標才能確定每個人的工作。所以，管理者應該透過目標對下級進行管理。企業的使命和任務，必須轉化為目標。

——彼得·杜拉克

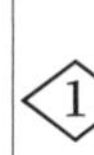

沒有目標的企業沒有前程

杜拉克箴言

設定目標是管理者責任之一，事實上，也是首要責任。

目標管理是杜拉克在一九五四年所著的《彼得·杜拉克的管理聖經》一書中提出的，目的是宣導自我控制觀念與目標管理方法，使組織成員經由確立目標，合作努力，在自我控制下，成功的達成共同的目標；促進組織成員的溝通與聯繫，使組織成員有一致努力的方向。簡單的說，目標管理是使所有人員的努力都集中到目標上來，用最適當的方法、最短的時間、最少的費用，獲得最佳成果的一種管理方法。

日本松下電器（Panasonic）的創始人松下幸之助曾經講到，中階經理一旦進入松下，就會被告知松下未來二十年的目標是什麼。首先告訴他，松下是一個有目標的企業；其次，給予這些人信心；第三，使他們能夠根據整個企業未來的發展，制定自己的生涯規劃，使個人生涯規劃立足於企業的發展目標。

在松下公司剛剛創業不久，松下幸之助就為所有的員工描述了公司的目標，一個兩百五十年的遠景目標，內容是這樣的：

把兩百五十年分成十個時間段，第一個時間段就是二十五年，再分成三個時期：

第一期的十年是致力於建設。

第二期的十年是「活動時代」——繼續建設，並努力活動。

第三期的五年是「貢獻時代」——一邊繼續活動，一邊用這些建設的設施和活動成果為社會做貢獻。

第一時間段以後的二十五年，是下一代繼續努力的時代，同樣的建設、活動和貢獻。從此一代一代相傳下去，直到第十個時間段，也就是兩百五十年之後，世間將不再是貧窮的土地，而變成一片「繁榮富庶的樂土」。

就正因為這一遠景目標，激發了所有人的熱情和鬥志，讓所有人都誓死跟隨他。

見過天上在飛的大雁嗎？一群大雁在飛行的時候，通常都是排成「人」字形或者「一」字形的，你有沒有想過，這群大雁裡面誰是領導者呢？有人說是領頭的那隻。假設某天有個獵人將領頭的大雁射了下來，你覺得大雁接下去會採取什麼樣的行動呢？是繼續飛行還是一團亂？實際上，大雁們在失去領頭雁的那一瞬間會出現混亂，但是牠們會在非常短的時間內重新選出領頭雁，並且很快的恢復隊形，繼續飛行。有人就在思考，為什麼大雁可以如此從

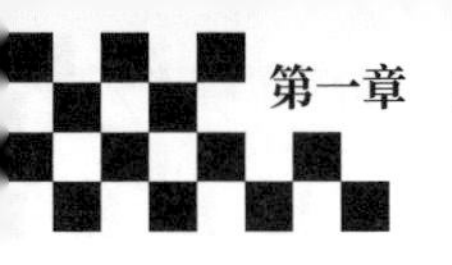

容的面對這麼大的一件事故？其實原因就在於牠們有一個共同的願望，也就是我們所說的共同遠景。牠們嚮往的那個非常舒適，能夠為牠們帶來食物和美好環境的南方，這就是牠們飛行的需求。其實，在飛行過程中，不存在什麼領導者，牠們願意自發自覺的組成隊伍努力飛行，就是因為在牠們心中的那個美好的未來。

同樣的，什麼才可以讓員工們自發自覺的努力工作呢？答案也是目標，他們所嚮往的美好未來。在這樣一個美好未來的指引下，即使閃電擊破長空，即使風雨交加，即使面對獵人的追殺，大家也願意拚搏下去，只因為大家心中那一片極致美麗的共同目標。

確立一個明確而具體的目標，讓這個目標成為企業所有成員的共同目標，激發每個員工實現此目標的願望，並緊緊圍繞此目標展開工作，夢想就會變成現實。

一九六九年，從小就喜歡吃漢堡的戴夫·湯瑪斯，在美國俄亥俄州成立了一家漢堡餐廳——溫蒂漢堡速食店。在當時，美國的連鎖速食公司已比比皆是，麥當勞、肯德基、漢堡王等已是大名鼎鼎。與他們比起來，溫蒂漢堡速食店只是一個名不見經傳的小店而已。

戴夫·湯瑪斯毫不因為自己的小店身分而氣餒。他從一開始就為自己制定了一個高目標，那就是趕上速食業老大麥當勞！

一九八〇年代，美國的速食業競爭日趨激烈。麥當勞為保住自己老大的地位，花費了不少心機，這讓戴夫．湯瑪斯很難有機可乘。一開始，戴夫．湯瑪斯走的是隙縫路線，麥當勞把自己的顧客定位於青少年，溫蒂漢堡就把顧客定位在二十歲以上的青壯年族群。為了吸引顧客，戴夫．湯瑪斯在漢堡肉餡的重量上做足了文章。在每個漢堡上，他都將其牛肉增加了零點幾盎司。這一個不起眼的舉動為溫蒂漢堡贏得了不小的成功，並成為了日後與麥當勞抗衡的有力武器。溫蒂漢堡一直以麥當勞作為自己的競爭對手，在這種激勵中快速發展著自己。終於，一個與麥當勞較量的機會來了。

一九八三年，美國農業部進行了一項調查，發現號稱有四盎司漢堡肉餡的麥當勞，肉餡重量從來就沒超過三盎司！這時，溫蒂漢堡速食店的年營業收入已超過了十九億美元。戴夫．湯瑪斯認為肉餡事件是一個問鼎速食業霸主地位的機會，於是對麥當勞大加打擊。他請來了著名影星克拉拉．佩勒，為溫蒂漢堡拍攝了一則後來享譽全球的廣告：

廣告說的是一個認真好鬥、喜歡挑剔的老太太，正在對著桌上放著的一個碩大無比的漢堡喜笑顏開。當她打開漢堡時，她驚奇的發現牛肉只有指甲片那麼大！她先是疑惑、驚奇，繼而開始大喊：「牛肉在哪裡？」不用說，這則廣告是針對麥當勞的。美國民眾對麥當勞本來就已有許多不滿，這則廣告適時推出，馬上引起了民眾的廣泛共鳴。一時之間，「牛肉在哪裡？」這句話不脛而走，迅速傳遍了千家萬戶。在廣告獲得龐大成功的同時，戴夫．湯瑪斯

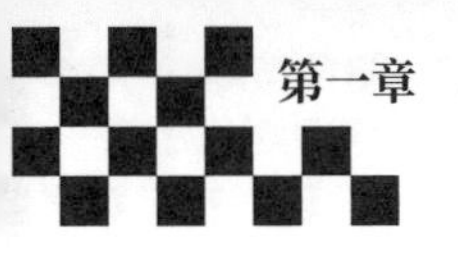

的溫蒂漢堡速食店，其支持率也迅速飆升，營業額一下上升了百分之十八。

憑藉不懈的努力，溫蒂漢堡的營業額年年上升，一九九〇年達到了三十七億美元，發展了三千兩百多家連鎖店，在美國的市場占比也上升到了百分之十五，直逼麥當勞，坐上了美國速食業的第三把交椅。

設定一個高目標，等於達到了目標的一部分。在激烈的市場競爭時代，優勝劣汰是唯一的法則，企業不進則退，只有那些具有遠大目標的企業，才能長盛不衰。

②企業家必須明確自己的思維方向

杜拉克箴言

各項目標必須從「我們的企業是什麼，它將會是什麼，它應該是什麼」引導出來。

在杜拉克看來，企業家一定是有商業思維的人。這種商業思維是透過商業目標來展現出來的。企業家在創辦和經營企業的過程中，在一直回答「企業是什麼、將會是什麼以及應該是什麼」的同時，其實亦在彰顯他自己的商業思維。

美國伯利恆鋼鐵公司的建立者施瓦布是一位有著遠大目標的管理者。施瓦布出生在美國鄉村，只受過很短期的學校教育。儘管如此，施瓦布卻雄心勃勃，無時無刻不在尋找著發展的機會。他相信，自己一定能做成大事。

十八歲那年，施瓦布來到鋼鐵大王卡內基所屬的一個建築工地打工。一踏進建築工地，施瓦布就立定了要做同事中最優秀的人的決心。

一天晚上，同伴們都在閒聊，唯獨施瓦布躲在角落裡看書。這恰巧被到工地檢查工作的經理看到了，問道：「你學那些東西做什麼？」施瓦布說：「我想我們公司並不缺少打工者，缺少的是既有工作經驗、又有專業知識的技術人員或管理者，不是嗎？」有些人諷刺挖苦施瓦布，他回答說：「我不光是在為老闆打工，更不單純為了賺錢，我是在為自己的夢想打工，為自己的遠大前途打工。」抱著這樣的信念，施瓦布一步步上升到了總工程師、總經理，最後被卡內基任命為了鋼鐵公司的董事長。現在施瓦布終於自己建立了大型的伯利恆鋼鐵公司，並創下了非凡業績。憑著自己對成功的長久夢想和實踐，施瓦布完成了從一個打工者到創業者的成功變身。

科學管理之父泰勒就曾說過，管理是哲學。企業家必須明確自己的思想底蘊，繼而為企業設定出整體的發展目標。

如果一個企業根本就沒有自己的目標，不知道自己是什麼及未來會是什麼，那麼這個企業就沒有靈魂，就很難具有遠大的前程。

開始時，心中就懷有一個高遠的目標，意味著從一開始你就知道自己的方向在哪裡，以及自己現在在哪裡。朝著自己的目標前進，至少可以肯定，你邁出的每一步都是方向正確的。一開始時心中就懷有最終目標，會讓你逐漸形成一種良好的工作方法，養成一種理性的判斷法則和工作習慣。如果一開始心中就懷有最終目標，就會呈現出與眾不同的眼界。有了一個高的奮鬥目標，你的人生也就成功了一半。如果想法薄弱、格調低下，生活品質也就趨於低劣；反之，生活則多姿多彩，盡享人生樂趣。

 工作目標與員工的能力相對應

杜拉克箴言

每個管理者的工作目標，都是由他們的貢獻決定的。

杜拉克認為，每一位管理人員的工作目標應該由他對公司所做的貢獻來決定。比如，地區銷售經理的工作目標，應該由他的團隊對公司銷售部門做出的貢獻來規定；工程師的工作目標，應該由他及他所領導的團隊對公司工程部門做出的貢獻來規定。

一九六一年，威爾許作為一名十分出色的工程師，在奇異公司工作已經一年有餘，他的年薪是一萬零五百美元。此時，威爾許的頂頭上司艾倫·克拉克替他調高了一千美元，威爾許覺得還不錯，他認為這是公司對有貢獻者的獎勵，他從中看到了自身的價值。但好景不長，他很快發現，他的辦公室中的四個人的薪水居然完全一樣。

他有無數的理由認為，他應該比其他人賺得多。威爾許向艾倫·克拉克提出詢問，得到的解釋是，這是公司預先確定好的標準的薪資浮動。威爾許一天比一天萎靡不振，終日牢騷滿腹，無心工作。

一天，克拉克的上司、時任奇異公司新化學開發部的年輕主管魯本·賈多福，將威爾許叫到自己的辦公室，他語重心長的對威爾許說：「你來奇異公司雖然只有一年時間，但我很欣賞你的才華與工作熱情。威爾許，以後的路還長著呢，對你個人而言，整日抱怨，無心工作，只會浪費奇異公司這個大舞台，難道你不希望有一天能站到這個大舞台的中央嗎？」

這次談話，被威爾許稱為是改變命運的一次談話，後來當上執行長的威爾許也一直尊稱

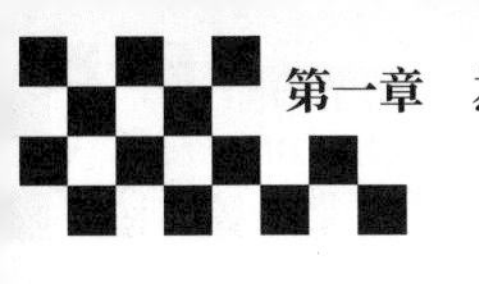

賈多福為恩師。威爾許此時想要做的就是停止抱怨，爭取盡快脫穎而出，讓自己有一個新的根本性的改變。威爾許等來了脫穎而出的機會——生產經理比爾·富賓恩被升職到總部擔任策略企劃負責人，經理的職位便出現了空缺。

我為什麼不試試呢？威爾許心想。威爾許不想看著這個可以改變自己的機會，從自己眼前溜走，這個富有挑戰性的工作實在是太有誘惑力了。和賈多福以及其他人吃完晚餐後，威爾許跟著賈多福來到停車場，並且坐在賈多福的汽車上。「為什麼不讓我試試比爾的位置？」威爾許開門見山的說。

賈多福當晚並沒有答覆威爾許，但當他把車開出停車場的時候，他對站在路邊的威爾許大聲說道：「你是我認識的下屬中，第一個向我要職位的人，我會記住你的。」在接下來的七天時間裡，威爾許不斷打電話給賈多福，列出一些他適合這個職位的原因。他說得最多的一句話就是：我希望為奇異公司做出更大的貢獻。

一個星期後，賈多福打來電話，告訴威爾許，他已被升職為頂替比爾的生產經理。一九六八年六月初，也就是威爾許進入奇異公司的第八年，他被升職為主管營業額兩千六百萬美元的塑膠業務部的總經理。當時他年僅三十三歲，是這家大公司有史以來最年輕的總經理。一九八一年四月一日，傑克·威爾許終於憑藉自己對公司的卓越貢獻，穩穩的站到了董事長兼最高執行長的位置上，站到了奇異公司舞台的中央位置。

可以說，正是強調對組織的貢獻，使得威爾許最終站到了權力的最高點。也正是由於他所做的貢獻，決定了他工作目標的大小。

目標管理全過程的最後一個重要工作，就是根據期初下達的目標，對各方工作和業績進行檢查和考核。

業績考核是目標管理全過程中的最後一環。一個組織如果能夠正確、公正的判斷每個組織成員的業績和工作努力程度，那麼這個組織一定是無所不勝的，因為僅僅是公正的評價，就已經成為組織成員的激勵因素。事實上，大多數組織很難做到這一點，組織很容易偏信那些說得多做得少的人，導致那些真正埋頭苦幹的人被忽視，最終影響組織的士氣。

然而，這樣一種情況往往出現在沒有目標分解，或目標分解不全的組織之中，正因為沒有目標或目標分解不全，那些光說不做的人，才有了偷懶的可能。反之，在目標管理的條件下，考核並不是看你說得如何，而是看你所做的與目標的差異程度，是看你真正的業績。

要想讓業績考核發揮出最大的激勵作用，就要使業績目標與員工的能力相對應。考核方法要可行，是指考核的方法要為人們所接受，並能長期使用，這一點對考核是否能真正獲得成效是很重要的。

方法的可行與否，與方法本身的難易繁簡有很大關係。要做到方法可行，考核的結果要客觀可靠，使人信服，這也是方法可行的一項重要要求。否則的話，不但發揮不了考核的積極作用，反而會產生消極作用。

④ 告訴員工你對他的期望

杜拉克箴言

員工的行為和舉止，都會因為管理者的期待而表現。

杜拉克認為，上司對下屬有著廣泛的影響。下屬會因上司的批評而氣餒，同時也會因上司的激勵而充滿熱情。管理者如能告訴下屬，企業對他的期待，將會對下屬產生極其強烈的激勵作用。

英國凱德伯瑞爵士認為：「真正的領導者鼓勵下屬發揮他們的才能，並且不斷進步。失敗的管理者不給予下屬自己決策的權利，奴役別人，不讓別人有出頭的機會。這個差別很簡單：好的領導者讓人成長，壞的領導者阻礙他人的成長；好的領導者服務他們的下屬，壞的領導者則奴役他們的下屬。」

給予期望，就能促進下屬成長。松下幸之助就常對工作成就感相當強的年輕人說：「我對這事沒有自信，但我相信你一定能勝任，所以就交給你辦。」主管的期望就像是一條溝渠，被主管期望的員工像是流在溝渠裡的水，溝渠有多深，水流就能有多深。只要管理者給予期望，下屬都不會讓其失望。

企業對員工的期望，表達的主要方式為分配其重要任務。讓員工承擔重要工作，是促進員工成長最有效的方式。根據員工的才能、潛力委派任務，再適時加以指導和引導。對工作成就感比較強的員工，要善於委以重任，為其提供鍛鍊與發展的機會，以挖掘其潛力，創造更大的成績。領導者越是信任，越是委以重任，員工的工作熱情就越高，工作進展就越順利。

人性有其共同的特點，就是希望使自己成為重要的人物，得到組織的承認和重視。基於這一點，在管理中充分的信任下屬，使之時時處處感覺到自己受到上司的重視，無疑是對下屬的激勵和鞭策。美國一家電腦公司董事長哈瑞斯．尼克勒斯說過：「我們的出發點是，員工都是成人，不是孩子。」可以說，信任就是力量，信任會為事業帶來龐大的成功。

日本的松下幸之助說：「用他，就要信任他；不信任他，就不要用他。」松下幸之助是這麼說，也是這麼做的。

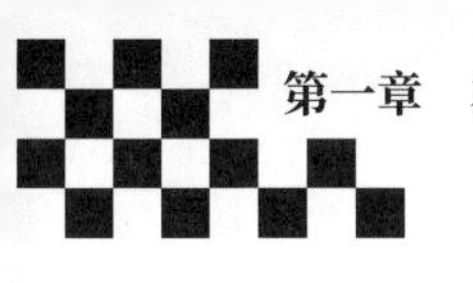

一九二六年，松下電器公司首先在金澤市設立了營業所。金澤這個地方，松下從沒去過，但是經過多方面的考察，覺得無論如何必須在金澤成立一個營業所。這時候發生了一個問題，就是到底應該派誰主導呢？誰最合適？有能力去管理這個新營業所的高階主管，為數倒是不少，但是，這些老資格的人卻必須留在總公司工作。這些人如果有人要是離開總公司，那麼總公司的業務勢必受到影響。所以，這些人不能派往金澤。於是問題便是，應該怎麼辦？

這時候，松下忽然想起一個年輕的業務，這個人的年紀剛滿二十歲。如果說年輕這一點是問題，沒錯，的確是個問題。但是他認為，不可能因為年輕就做不好。

於是，松下決定委派這個年輕的業務，擔任金澤營業所的負責人。松下把他找來，對他說：「這次公司決定，在金澤設立一個營業所，我希望你去負責管理。現在你就立刻去金澤，找個合適的地方，租下房子，設立一個營業所。我先準備了三百元資金，你拿去進行這項工作好了。」

聽了松下這番話，這個年輕的業務大吃一驚。他驚訝的說：「這麼重要的職務，我恐怕不能勝任。我進入公司還不到兩年，等於只是個新進的小職員。年紀也才二十出頭，又沒有什麼經驗……」他臉上的表情好像有些不安。進入公司才邁入第二年的一個小職員，突然奉命在金澤設立一個營業所，也難怪他會感到困惑。可是松下對他有信賴感，所以，松下以幾乎命令的口吻對他說：「你沒有做不到的事，你一定能夠做到的。想想看戰國時代，像加藤清正、福島正則這些武將，都在十幾歲的時候就非常活躍了。他們都在年輕的時候就擁有自己的城堡，統率部下，治理領地老百姓。明治維新的志士們不都也是年輕人嗎？他們在國家艱難的時候能挺身而出，建立了新的日本。你已經超過二十歲了，不可能做不到。放心，你可以做到的。」松下說了很多鼓勵的話。過了一會兒，這個年輕的職員便斷然的說：「我明白了，讓我去做吧。承蒙您給我這個機會，實在光榮之至，我會好好的去努力。」

他臉上的神色和剛才判若兩人，顯出很感激的樣子。所以松下也高興的說：「好，那就請你好好去做。」就這樣，松下派遣他到金澤。

這個年輕職員一到金澤，立即展開行動。他幾乎每天都寫信給松下。

他在信中告訴他，正在尋找可以做生意的房子，然後又寫信說房子已經找到，像這樣，把進展情形一一寫信告訴松下。沒過多久，籌備工作就已經就緒了，於是松下又從大阪派去兩三個職員，開設了營業所。

由此可以看出，信任能為管理者帶來一系列益處：

信任可以增強下屬的責任感。作為管理者，只有對下屬充分的信任，以信任感激勵下屬

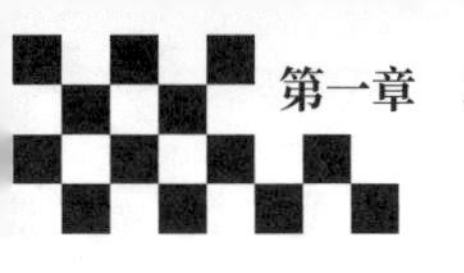

的使命感，下屬才能更加自覺的認知到自己工作的重要性，才能在工作中盡職盡責。

信任可以增強下屬的主動進取精神。《追求卓越：探索成功企業的特質》一書中有這樣一句話：「實際上，沒有什麼東西比感到人們需要自己更能激發熱情。」信任就意味著放權，管理者因信任下屬，也就勇於放權，下屬得到了工作的主動權，就能放開手腳，積極大膽的進行工作，有所發明，有所創造。

信任可以使人才脫穎而出。人才的成長不僅在於他內在的素養，也依賴於外在的條件，「時勢造英雄」這句話，充分說明了環境條件在人才成長中的重要性。下屬一旦受到上司的信任，就會產生一種自我表現的強烈欲望，充分激發自身的潛能，把工作做得好上加好，以贏得上司更大的信任。因此，選拔與重用是加速人才成長的重要途徑。如果劉備不是對諸葛亮大膽放手，充分信任，諸葛亮也不會創造出博望燒屯、白河用水、智取三郡、以法治蜀等種種赫赫事蹟，而成為名垂千古的政治家、軍事家。

信任可以留住人才。組織與組織之間的人員流動是正常的和不可避免的，但人才的流失，對組織是有害的。信任是管理者的良好特質，會像磁石一樣吸引住人才：猜忌、多疑則是一種病態心理，最容易導致人才的流失。充分信任下屬的管理者，無疑的也會被下屬所信任，並能給予人淳樸敦厚，可親可敬的感覺。凡事從大處著眼，對下屬不斤斤計較，尊重下屬，下屬才能全力以赴為組織效力。

所以說，信任是未來管理文化的核心，代表了先進企業的發展方向。用人固然有許多技巧，而最重要的，就是信任和大膽的委託工作。通常，一個受上司信任、能放手做事的人都會負有較高的責任感。所以上司無論交代什麼事，他都會全力以赴。相反，如果上司不信任自己的下屬，動不動就下達各種指示，只會使下屬覺得自己只是一部奉命行事的機器，事情的成敗與他毫無關係。

告訴員工你對他的期望，他就能達到你的期望。

⑤ 企業制定目標要切合實際

杜拉克箴言

目標必須是可執行的，即必須能夠轉化為具體的工作安排。

杜拉克認為，目標必須能夠成為工作和工作成就的基礎和激勵。企業制定發展目標，無非是讓企業的全體員工明白企業的奮鬥方向，鼓舞他們的鬥志。企業經營的過程並非一場短

跑，而是一場馬拉松跨欄。跨一個欄以後，前面又有一連串的欄。要想持續經營的企業，總是還有無數的目標等待著被跨越。因此，企業制定目標，就是要在切合實際的基礎上，為企業下一階段的發展找到需要跨越的欄。

早在十六世紀，英國就企圖征服北極。但由於頻繁的戰爭，加上對北極知之甚少，北極探險一直未能成行。西元一八一五年，英國及其盟軍在滑鐵盧戰勝了他們最主要的敵人——不可一世的拿破崙；同時，在戰爭中，英軍擁有了眾多的艦艇並培養大量的航海人才，於是，北極探險正式成為可能。他們決心以此展示大英帝國在海上的霸主地位，並趁機擴大版圖。

西元一八一八年六月十七日，由四艘艦隊組成的北極探險隊揚帆起航。此行雖然發現了生活在地球最北端的愛斯基摩人部落，並深入到蘭開斯特海峽達八萬零四百公尺，但並未打通英帝國最為渴盼的西北航道。

英國政府決定設立兩項超級大獎：兩萬英鎊獎勵第一個打通西北航線的人，五千英鎊獎勵第一艘到達北緯八十九度的船隻。重賞之下，必有勇夫。西元一八一九年，約翰·富蘭克林爵士勇敢的接受了海軍部之命，率領一支隊伍從陸地進入北極地區，沿北冰洋岸行進了三百四十公里，並繪製出地圖。然而，此行並不順利，十個隊員飢寒交迫而死，富蘭克林僥倖逃生，西北航道仍未打通。

兩次出師未果，使得英國不敢再貿然行動。他們決心做好最充分的準備，以確保下次一舉成功。

二十多年後，他們認為時機終於成熟了。勇於探險的艦艇不僅裝備有當時最先進的蒸汽機螺旋槳推進器，在需要時，還可以將這種螺旋槳縮進船體之內，以便於清理冰塊，而且還裝備了前所未有的、可以供暖的熱水管系統。人們認為，這種新式的艦艇完全可以衝破西北航線上的冰障。

為了萬無一失，經過精心甄選，海軍再次任命已年近六旬、具有豐富的北極航行經驗的約翰·富蘭克林爵士，來指揮這次意義重大的探險，而且為他選派了最有力、最幹練的助手團隊。身負重任的富蘭克林爵士也立即著手進行精心的準備。從後來公開的資料我們可以看出，富蘭克林的準備精細到何種程度：他精選了一千兩百本圖書，一架大型手搖風琴，為了讓船上官員和船員用餐，又準備了精緻的雕花玻璃高腳酒杯，清一色設計精美的純銀刀、叉、匙！

西元一八四五年五月十九日，富蘭克林率領「幽冥」號和「驚恐」號兩艘當時最為先進的遠行船隻，裝載了一百三十二名精心挑選出的經驗豐富的船員，和足以應付三年的供應物

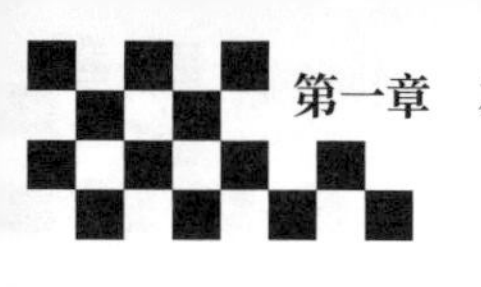

品，沿泰晤士河出發了。當時所有的人都認為，成功將如探囊取物，那兩筆巨額獎金肯定會被富蘭克林的船隊獲得。然而自從七月下旬幾位捕鯨者曾在北極海域看到過富蘭克林的船隊以後，他們便無任何音信了。

若干年後，探險船隊神祕失蹤之謎逐步揭開。讓人驚訝萬分的是，導致這次探險全軍覆沒的最主要的原因，竟然是準備不足。

原來，兩艘船艦在進入寒冷的北極之後，很快被浮冰包圍，甲板、桅杆、繩索也都被凍上一層厚厚的冰，就連船舵也被凍住了，船被冰牢牢困住，陷入絕望的境地。水手們開始自我解救，但北極惡劣的天氣使他們一無所成。在凜冽的寒風和嚴寒中，不少缺乏足夠禦寒服裝的水手喪了命。船艙內的情況也非常糟糕，每個人除了海軍部所分發的制服外，再無禦寒衣服，與足以應付三年的供應物品相比，他們所配備的供取暖蒸汽發動機所用的煤炭只能維持短暫的十二天！作為主食的大批罐頭牛肉竟然是不合格品，牛肉早已變質。最具有諷刺意味的是：人們後來在距離出事船隻幾海里處，發現了船長的屍體。他身著精緻的藍色制服，配以絲質鑲邊，還裹著一條精美的絲綢圍巾，胸前甚至還佩掛著兩枚榮譽獎章。這身裝扮無疑會讓人覺得尊貴而華美，但卻絲毫無助於抵禦嚴寒。

由此可見，制定合理的目標對企業經營有著重大的指引作用。因此，管理者必須始終牢記決策的目標，知道自己決策的目標到底是什麼。目標是不可以憑理想和主觀想像去制定的，任何不切實際的目標，都將對企業產生嚴重的危害。管理者制定的企業目標，要做到切合實際，操作性強，而不是一句空話和不能實現的口號。如果目標與現實脫節，將變得毫無意義。

一個團隊只有本著求真務實的作風，系統內保持政令暢通，執行以結果為導向，主動的執行，忠實的執行，創造性的執行，迅速的執行，才能夠有品質的實現目標。

⑥ 用目標激勵下屬完成任務

杜拉克箴言

設定目標是管理者責任之一，事實上也是首要責任。

杜拉克認為，企業中的每一位成員都有不同的貢獻，但所有的貢獻都必須是為著一個共同的目標。他們的努力必須全都朝著同一方向，他們的貢獻必須互相銜接而形成一個整體。目標是能激發和滿足人的需要的外在物。目標管理是主管工作最主要的內容，目標激

勵是實施目標管理的重要方法。設定適當的目標，能激發人的動機，引發人的積極性。目標既可以是外在的實體對象，也可以是內在的精神對象。每個人都有自尊心，都有被尊重的欲望。運用這種心理，可以積極的實施目標激勵，充分引發下級的積極性，使其在競爭中完全展示出自己的價值。

見過天上在飛的大雁嗎？一群大雁在飛行的時候通常都是排成「人」字形或者「一」字形的，你有沒有想過，這群大雁裡面誰是領導者呢？有人說是領頭的那隻。假設某天有個獵人將領頭的大雁射了下來，你覺得大雁接下去會採取什麼樣的行動呢？是繼續飛行還是一團亂？實際上，大雁們在失去領頭雁的那一瞬間會出現混亂，但是牠們會在非常短的時間內重新選出領頭雁，並且很快的恢復隊形，繼續飛行。有人就在思考，為什麼大雁可以如此從容的面對這麼大的一件事故？其實原因就在於牠們有一個共同的願望，也就是我們所說的共同遠景。牠們嚮往的那個非常舒適，能夠為牠們帶來食物和美好環境的南方，這就是牠們飛行的需求。其實，在飛行過程中，不存在什麼領導，牠們願意自發自覺的組成隊伍努力飛行，就是因為在牠們心中的那個美好的未來。

遠景是企業的燈塔，它指引著企業前進的方向；遠景是企業的靈魂，沒有靈魂的企業就沒有生氣和力量。遠景是企業終極目標的表達，遠景說明企業生存的目的和緣由，也包含著對世界的深刻洞察，可以準確的反映出企業的價值觀和使命感。

遠景是由組織內部成員所制定、透過決策團隊討論並獲得組織一致的共識後，形成的所有組織成員全力以赴的未來方向。所謂遠景管理，就是充分結合組織使命與個人價值觀，透過遠景開發、遠景定位、遠景執行的三部曲來建立決策和管理團隊，促使組織成功及組織效能得到最大化發揮。

遠景解決了企業是什麼、要成為什麼的基本問題。企業有明確的使命，就能建立自己的遠景。美國紐約的貝爾維尤醫院的遠景是：貝爾維尤醫院是為實現社區居民最高終生健康水準而提供必要資源的領先者。

由於遠景解決了企業的根本問題，所以遠景是企業的最高目標。而使命則是對企業責任的要求，是企業目的和遠景的具體化。對於任何企業而言，學會如何設立遠景和使命都是必需的。

我們來看看英國馬莎公司是如何確定公司的使命和遠景的。

馬莎公司是英國的一家百貨公司，一開始由於企業目的和使命定位不明確，生意做得很糟糕。

一九二四年，馬莎公司總裁席蒙·馬克斯去美國考察，接觸了一些先進理念，回去後對馬

莎公司進行了大刀闊斧的變革。他將公司的主要目標定為實現一場社會革命，而不僅僅是普通的批發零售業務，由此造就了馬莎公司的成長奇蹟。

在二十世紀，英國的社會階級非常明顯，不同階層的人穿著不同，上流社會的人穿著時髦精緻，而下層人士則衣衫襤褸。馬莎公司決定靠著替下層人士提供物美價廉的衣物，來突破社會的階層壁壘。公司採取了這項策略決定後，就將全部精力都集中在這個唯一的目標上。

看起來很令人吃驚，一家百貨公司居然肩負社會革命的重任。這一決定，意味著企業的目的是滿足社會的終極需求。企業只要堅持這一目的，它就會自動成長，變得繁榮昌盛。這正是馬莎公司成功的祕訣所在。企業必須不斷努力去理解它的客戶需求的變化，並從經濟角度來滿足他們。

馬莎公司在確立策略發展方向後，繼續提出不同領域的目標，如創新目標、人力目標、財務目標、簡化控制、利潤要求、社會責任等。它在行銷領域的目標是：將客戶定為工人和低階職員，去了解他們的好惡以及在服裝方面的購買力。

馬莎公司把顧客需要定為自己的企業目的，把消除階層差別的社會革命作為自身的使命，建立了清晰的企業遠景，這是其獲得輝煌成就的重要原因。

遠景是一種充滿未來精神的夢想。當亨利．福特說出他的遠景是使每個家庭都擁有一輛汽車時，所有人都認為他有精神病。但在今日的美國，他的夢想早已實現。此時，我們才突然明白，擁有遠景，對於卓越企業、商業英雄們是多麼重要。十年前的微軟，比爾蓋茲夢想著讓所有的人都能使用電腦，希望所有的人都在電腦上使用他的作業系統，而今他的這種夢想已經近在咫尺。

遠景展現了管理者征服世界的野心，他們的目標宏大而不可思議，他們的目標是做第一，做最強，做最優秀。

由此可見，對於企業而言，建立完整的遠景非常重要。現代的管理者不可以再沉默，必須重視對企業使命和遠景的思索。不僅要「窮則獨善其身，達則兼濟天下」，更要有「先天下之憂而憂，後天下之樂而樂」的胸懷和精神。正是這種精神，激勵著當今的新生代商業菁英們努力尋找企業的遠景。

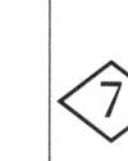

一定要注重目標的效益

期望一個經理所能獲得的成就，必須來自企業的完成；他的成果必須用他對企業的成就有多大貢獻來衡量。

杜拉克箴言

杜拉克在《杜拉克：管理的使命》寫道：「目標並不是命運的主宰，而是方向的指標；不是命令，而是承諾。目標不能決定未來，它們只是一套用來整合各項資源與能力去創造未來的方法，它需要實踐來檢驗其有效性。」

的確，目標達到才是成功的決策。決策的成功或失敗，是以能否實現目標作為衡量標準的。沒有確定的目標，就無法對決策的實施實行控制，也無法對決策的科學程度進行衡量。隨著目標的實現，企業的經濟效益得到增加，從而在經濟指標上反映出目標的價值。

一九一一年，有兩支雄心勃勃的探險隊，他們要完成一項艱巨而偉大的任務，就是踏上南極，成為登上南極的第一人！

一支探險隊的領隊是挪威籍的探險家羅爾德·阿蒙森。隊伍出發前，阿蒙森仔細研究了南極的地質、地貌、氣象等問題，還仔細的研究了愛斯基摩人以及極地旅行者的生存經驗。於是，制定出一個最佳的行動策略：使用狗拉雪橇運送一切裝備與食物，為了與之相搭配，在隊員選擇上，他們將滑雪專家和馴狗師吸收進隊伍。

為完成到達南極這一偉大目標，阿蒙森將目標分解為一個個小目標：每天只用六小時前進十五至二十英里，大部分工作皆由狗來完成。這樣人與狗都有足夠的時間休息，以迎接第二天新的旅程。

為了順利實現目標，領隊阿蒙森事先沿著旅程的路線，選定合適的地方儲存大量補給品，這些準備將減輕隊伍的負荷。同時，他還為每個隊員提供了最完善的裝備。阿蒙森對旅途中可能發生的每一種狀況或問題進行分析，依此，設計好周全的計畫與預備方案。

這些有備無患的措施，使他們在向南極的挺進中，即使遇到了問題也能很順利的解決。最終，他們成功的實現了自己的夙願，第一個將挪威的國旗插在了南極。

幾乎是同時期出發的另一支探險隊，是由英國籍的羅伯特·史考特所率領。這支隊伍採取了與阿蒙森截然不同的做法：他們不用狗拉雪橇，而採用機械動力的雪橇及馬匹。結果，旅程開始不到五天，引擎就無法發動，馬匹也維持不下去了，當他們勉強前進到南極山區時，馬匹被統統殺掉。所有探險隊員只好背負起兩百磅重的雪橇，艱難的行進。

在隊員的裝備上，史考特也考慮不周，隊員的衣服設計不夠暖和，每個人都長了凍瘡，每天早上，隊員們都要花費近一小時的工夫，將腫脹潰爛的腳塞進長筒靴中。太陽眼鏡品質太差，使得每個隊員的眼睛被雪的反射光刺傷。更糟的是，糧食及飲水也不足，每個隊員在整個行程中幾乎處於半飢餓狀態。

史考特挑選的儲備站之間相距甚遠，儲備不足，標誌不清楚，使他們每次都要花費大量的時間去尋找。更要命的是，原計畫是四個人的隊伍，史考特接近出發時又增添了一人，糧食供應更加不足了。

這支探險隊在飢餓、寒冷、疲憊甚至絕望中，花費了十個星期走完了八百英里的艱辛旅程，精疲力竭的抵達了南極，當他們到達南極時，挪威的國旗早於一個多月前便在此飄揚了。更慘的是，所有隊員在頂著凜冽的寒風和飢餓的回程中，不是病死了、凍死了，就是被暴風雪捲走了。這支探險隊最終全軍覆沒。

行動策略是指實現團隊近期目標所必須完成的主要任務，是實現團隊目標方向的具體行動指導和路徑，當團隊的目標方向制定後，就應制定行動策略，否則，目標方向就成為空中樓閣，可望而不可即。另外，一個團隊的行動如果沒有策略進行指導，就猶如一艘迷失方向的航船，任何方向的大風對它來說都是逆風，因而，唯有制定行動策略，團隊才能向自己的目標方向前行，團隊成員才能明確哪些該做，哪些不該做，從而提高團隊整體的辦事效率。

需要注意的是，團隊行動策略的制定需要全體成員的共同參與，好的行動策略來自於團隊成員的高度參與，以及對目標的理解和全面系統性的積極思考。沒有全員的高度參與和對目標的清晰理解，將會使行動策略的接受度和執行性大打折扣；而全面系統性的積極思考，又會使行動策略更有效，更可行，更具有持續價值和張力。

另一方面，行動策略必須具有科學性和可行性，必須能使目標產生效益，沒有可行性的行動策略等於零。

所以，一個優秀的行動策略不但來自於團隊成員的高度參與，而且是確實可行的，唯有這樣行動策略，才能為團隊的行動給予正確的指導，為團隊的高效率助上一臂之力。

目標本身不能產生效益，但目標能夠促使企業產生效益。要想使目標成為促使組織創造效益的積極因素，管理者需要實施目標管理。

實施目標管理的第一步是，要控制目標的數量。有人說：「兩個以上的目標就等於沒有目標。」著名的儀器公司，美國德州儀器公司說：「我們是過來人了。過去每一個經理常有大串目標。但我們逐漸削減、削減、再削減。現在，每一季我們為每一個產銷中心的經理只規定一項目標，如此而已——一個人把一件事辦成。」

的確，當人們發現自己面對眾多沒有輕重緩急可言的目標時，往往會不知所云、不知所措，當然執行起來也就無從下手。因此，一個管理者，只有在提出明確集中的目標時，才能使執行者將人力、物力集中於一點，從而將諸多目標各個擊破。集中的目標一點即明，讓人心中有數；分散的目標則不切要害，讓人難以執行。一般而言，年度計畫中最多有三至五項目標，只要將這些目標安排好順序了，其他目標隨之可以完成。

實施目標管理的第二步，是對目標進行完美表達。有些管理者在進行目標決策時，往往很注重其內容的科學性，卻拙於目標的表達：文件資料鋪天蓋地的向下屬壓去，使他們無法喘息，嚴重的資訊超載，使他們喪失了辨別輕重緩急的能力。優秀的管理者能把目標表達得清楚而流暢，因而做事處處顯得遊刃有餘。實際上，他們不僅僅是使事情保持簡單，而且進行了高度的概括與人性化的設計。

目前，西方正在興起「一分鐘目標」。所謂「一分鐘目標」就是「寫在一頁紙上，最多不超過兩百五十字」，「任何人都可以在一分鐘內看完」。這要求目標的表達要簡明、集中。很難想像一項目標隱藏在洋洋灑灑的萬言，甚至數萬言的文字海洋中，卻指望下屬能深刻而透澈的領悟。表達形式繁瑣的目標只能使下屬茫茫如身在雲霧中，不得要領。

實施目標管理的第三步是對目標進行科學分解。將總目標具體化和精細化，稱為目標分解。一項積極的、內容科學的目標是決策的原動力，但是在現實中能夠有效運轉的目標並不是單一的，而是一個由不同層次、不同性質的目標群所組成的目標體系，它來源於總目標的分解。總目標往往是籠統而抽象的，不便於測量與操作，這就需要把籠統的總目標分解為具體、精確的小目標。經過分解的目標，在執行過程中必須明確是附屬於總目標的，否則就會出現目標置換的現象，從而擾亂整個目標體系結構，同樣不會實現總目標。目標置換是指小目標的執行者把小目標看作是最終目的，而不是把它看作實現總目標的步驟，因此嚴格的遵循著小目標所規定的規章和制度，即使這些規章和制度已有悖於總目標的宗旨。

組織目標再到個人的目標層層展開，延伸到底，在這個過程中形成若干項步驟——目的鏈，因為通常上一級實現目標的方法，即達到目標的方法，就是下一級的目標。在目標的橫向分解中，每一個相關的職能部門都要相應的設立自己的目標，而不能出現「盲區」和「失控點」。橫向分解後的小目標處於同一層次，是實現上一級目標的不同方法。這些方法共同構成實現上級目標的必要條件，因此是缺一不可的。

目標是企業前進的方向

杜拉克箴言

並不是有了工作才有目標，而是相反，有了目標才能確定每個人的工作。所以，管理者應該透過目標管理下級。企業的使命和任務，必須轉化為目標。

杜拉克覺得作為一個管理者，一旦為自己定下目標之後，你的目標就會在兩個方面產生作用：目標是你努力的依據，也是對你的激勵。目標是你看得見希望的風向標。隨著這些目標的實現，你會在成就感中更加努力。對許多人來說，制定和實現目標就像一場接力賽。能夠預想到，隨著時間的推移，你實現了一個又一個目標，這時你的思維方式和工作方式也會漸漸成熟，你的管理水準也會得到進步。

日本製紙集團深入了解世界經濟的動向，認為世界經濟在冷戰結束後的十五年中迅速發展，與此同時，隨著貿易限制的放寬、無國境的物流以及資訊流通的加快等，大大促進了市場的平均化發展。在此期間，已開發國家的經濟發展減緩，並且近年來的物價呈現通貨緊縮的狀態。

日本國內的情況，由於日本出生率的下降，以二〇〇六年為最高點，出現了歷史上首次人口減少的現象，二〇一五年，六十五歲以上人口的比例大幅度增加，成長到百分之二十六。人口減少與老年人口增加，為日本的國內市場以及勞動環境等多方面，帶來了很大的影響。另一方面，由於其他國家經濟的迅速發展，以原油為主的國際原材料產品需求有持續增加的趨勢，但產品價格卻因企業競爭的日益激化而難以提高。

其次，日本製紙集團深入了解世界紙張市場的動向。世界紙張市場的生產與消費依然保持持續成長的趨勢，可以說，紙張、紙漿產業是一個成長型的產業。目前，產品的生產、消費中心正在由北美、西歐逐漸轉向亞洲。雖然日本國內市場的消費有限，但關注市場成長最快、今後也將不斷擴大的亞洲紙張市場的動向，對這家集團來說是不可欠缺的課題。

再次，日本製紙集團深入了解集團所面臨的產業困境。日本的紙張、紙漿產業面臨著競爭激烈的產業環境，尤其是面對鄰近國家紙張、紙漿產業的急速發展，以及全球性的競爭。這對該集團來說，既是威脅，也是機會，集團必須適應激烈變化的市場需求。此外，在日本國內，紙張品種等方面，進口紙有增加的趨勢。

在全球的環境及資源問題方面，依靠企業的綜合實力，能否制定出有效對應二氧化碳的

對策，展開植樹造林等，已成為在全球決定企業優勝劣汰的關鍵。日本製紙集團在經過合併與經營整合後，在日本的紙張、紙漿行業展現了代表性的主導作用。其推行的第一個中期經營計畫（二〇〇三至二〇〇五年度），致力於經營體制的完善與企業素養的提高，最終結果是在計畫實施的最後一年，集團的付息負債餘額、人員體制等各方面達到預計的目標。

日本製紙集團據此確立了新的目標與遠景。這家集團在日本國內已打下了堅實基礎，並在地理環境上具有毗鄰快速成長的亞洲市場的優勢。此後，在更加激烈的經營環境中，這家集團為了在國際競爭中立於不敗之地，保持持續成長，就必須承受更強而有力的競爭及應對市場的變化，打造更堅實的經營基礎。為了確保日本國內業務獲得穩定的高收益，以及全面發展海外的業務，實現下一個十年計畫，日本製紙集團制定了「集團年度遠景規劃」，這也是該集團此後的營運方針。

成功的管理者關注成員的個人目標，洞察其深層次基礎，運用充分的傾聽、徵詢、尊重、說服及個人魅力等等能力和技巧，從而將個人目標轉化為群體目標。

在商業領域中，企業的管理者就是飛行員。他的團隊由機組人員、地勤人員和供應商等共同組成，乘客就是顧客，企業就是飛機，它不會自己跑動或升空，得依靠飛行員、員工和客戶。在一個企業組織中，任何一個想與企業組織一起騰空高飛的人都是飛行員管理者。他能夠以一個訓練有素的飛行員應有的信心、技能、膽識和遠見，領導著企業。

領導，在管理學上的定義是「影響和推動一個群體或多個群體的人們，朝某個方向和目標努力的過程」。領導行為的核心在於影響和推動，其特徵在於能夠擔負目標使命並使其他成員貫徹實施。領導與管理的一個重要區別在於預測和掌握方向，其中包括發現並提出理念，宣導並形成行動，觀察並解決衝突，調整並防止偏頗。

如果你使用飛機上的對講機與飛行員通過話，就會注意到飛行員的用詞得當、表達的意思明白無誤。優秀的飛行員是一個能進行有效言語交際的人。

企業管理者也應有效的闡述自己所憧憬的目標，以爭取下屬們的支持。

對未來的目標能有個清晰、明確的看法，是現代管理者的遠見力在發揮著至關重要的作用，它絕對是不能缺少的。因為遠見能夠決定管理者的工作能力，它能描繪出未來前景的具體模樣，來點燃人們的工作熱情，驅使人們不斷的向前進取。

一般而言，團隊遠景規劃描繪的是團隊未來發展的藍圖，即團隊前進的方向、團隊的定位，及將要占領的市場位置及計劃發展的業務能力，是團隊最終希望實現的美好前景。在未來的五至十年或更長的時間裡，團隊究竟要成為什麼類型的團隊？在團隊決定進入的業務領域，究竟要占領什麼樣的市場位置？團隊管理者對這兩個問題的清晰回答，就構成了團隊的

遠景規劃。明確的團隊遠景規劃是制定策略的前提條件。如果團隊前進的方向尚不明確，也不明白在競爭中獲得成功需要建立哪些能力，那麼團隊策略制定及經營決策便缺乏明確的指導，就像在黑暗的大海中航行的輪船缺乏燈塔一樣，因而根本不可能獲得成功。

可見，具有上述內涵的團隊遠景規劃概念是非同一般的。所以，管理者一定要制定好團隊遠景規劃，具體可以分三個步驟：

首先就是要對團隊進行SWOT分析，所謂SWOT分析即Strength（強）、Weakness（弱）、Opportunity（機會）、Threat（威脅），就是分析團隊的優勢、劣勢、競爭對手是誰，以及競爭對手的長處和短處，機會在什麼地方，市場狀況等，還要考慮到團隊成員的自信心等；然後基於分析的結果提出一個判斷，主要是考慮在這樣一個分析結果下，在未來的三五年或是更長時間，團隊要達到一種什麼狀態，並描述這種狀態的藍圖、圖像。例如「奇異公司永遠做世界第一」，這是奇異公司希望未來達成的狀態；最後，當團隊的遠景規劃一旦定位，必須正式告知團隊全體成員：「這是我們的遠景規劃，我們一定要這麼做。」以將團隊的遠景規劃推至團隊全體成員的心中，以推動他們為實現團隊遠景規劃而全心全力奉獻。

當然，在制定團隊遠景規劃時，要注意既要立足現實，又要具有前瞻性和科學性，而且遠景規劃必須具有激勵性和可實現性，唯有這樣，才能使團隊的遠景規劃真正孕育無限的創造力，激發團隊強大的動力。

一個成功的、優秀的、偉大的管理者，在進入企業的開始，必須完成的第一件事就是為自己和企業確立目標，清晰的感受自己的責任。管理者應當能夠看得夠遠、看得夠清楚，而且能在驚濤駭浪之中、霧氣迷茫之時挺身站立，迅速做出決策，朝著正確的方向前進。帶領大家奔向目標，奔向勝利。

⑨ 逐一完成每一個小目標

杜拉克箴言

凡是工作狀況和成果直接的、嚴重的影響著組織的生存和繁榮發展的部門，目標管理都是必需的。

杜拉克指出，管理者若看不到目標的前進，結果真的很可怕，可見明確的目標對於管理者是多麼重要。美國行為科學家愛德溫．洛克提出「目標設定理論」：指向目標的工作意向是工作激勵的主要來源，具體的目標能夠提高績效；一旦我們確定了困難的目標，會比容易

的目標帶來更高的績效；有績效回饋比無績效回饋帶來的績效更高。杜拉克在他的著作《彼得·杜拉克的管理聖經》中提出目標管理的概念：如今，以「根據公司的策略規劃，組織運用系統化的管理方式，把各項管理事務展開為有主次的、可控制的、高效率的管理項目，透過激勵員工共同參與，以實現組織和個人目標的過程」為定義的目標管理，已經成為一種越來越受歡迎的管理方式，但這並不是全部。目標管理強調把組織的整體目標轉化為組織和個人的具體目標，對員工個人來說，目標管理提出了明確的個體績效目標，因此，杜拉克總結道：每個人對他所在組織的績效都可以做出明確而具體的貢獻。如果所有人都實現了各自的目標，他們組織的整體目標也就能夠實現。

任何目的和任務必須轉化為明確的目標，而且大方向確定後，還要根據每階段不同的情況分成若干小目標，逐一達成。例如公司的年度計畫是淨收益達到一億元，這樣一個口號放在那裡誰都不知道從何下手，而各部門也不可避免的會出現爭執、推卸等問題。不如將年度計畫細分為某部門完成某計畫，爭取得到多少的淨收益，逐一完成每一個小目標，綜合起來就是大的目標了。這就好比將走完一條長長的階梯，把短期目標定位為每次成功踏上一節台階，每完成一次，為自己設立下一個能力範圍內的新目標，不知不覺就能達到最高點。

一九八四年，在東京國際馬拉松邀請賽中，名不見經傳的日本選手山田本一出人意外的奪得了第一名。記者圍攏過來，最渴望知道的一點是，他憑什麼獲得如此卓越的成績。

山田本一的回答，簡短到只有一句話：「用智慧戰勝對手。」參加馬拉松賽，運動員之間比的是意志和耐力，與智慧到底有什麼關係，讓人聽了如墜五里霧中。一九八六年，又一次國際大賽在義大利米蘭舉行，山田本一再次代表日本參加比賽，結果又是獨占鰲頭。

面對記者伸過來的麥克風，山田本一的回答還是那句話：「用智慧戰勝對手。」運動員在賽場上，看上去是鬥勇，實際上也是在鬥智。記者們猜測，山田本一之所以這麼說，肯定有他的道理。至於如何運用智慧，仍是叫人摸不著頭腦。

一九九六年，山田本一過了運動巔峰期，在自傳中他披露了個中奧妙：「每次參賽之前，我都要搭車把比賽路線仔細看一遍，並將沿途醒目的標誌畫下來，比如說第一個標誌是一家銀行，第二個標誌是一棵大樹，第三個標誌是一棟紅色房子，就這樣一直畫到終點。比賽開始後，我就以短跑的心態奮力奔向第一個目標，跑到第一個目標後，又以同樣心態奔向第二個目標。」

「整個路程被我分解成幾十個小目標，相當輕鬆的就跑完了。起初我沒有認知到這一點，就把目標定在四十二公里外的終點線上，結果跑到十幾公里就已經疲憊不堪了，因為我被前面那段遙遠的路程嚇倒了。」

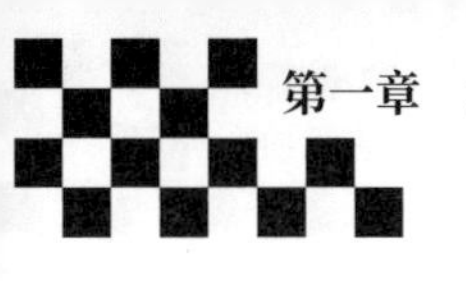

所謂近期目標，是指在團隊發展的每一個階段，為自己設定一個可以接受的、具體的、具有一定困難度的目標，也可以理解為是實現遠大宏圖的階段性目標。

美國時間管理大師博恩．崔西說：「成功最重要的前提是知道自己究竟想要什麼。成功的首要因素是制定一套明確、具體，而且可以衡量的目標和計畫。」在企業馬拉松跨欄的過程中，有一點是一定要注意的，那就是每跨過一個欄以後，就要看到下一個欄在哪裡，這個欄要事先設立好。一個有理想的企業，或者說一個可持續發展的企業，一直有不斷的目標。

一九九〇年，一家電器集團在詳細的市場調查的基礎上，果斷的提出了內部挖潛改造、自我約束，量力而行，走內涵或低成本擴張道路的經營策略目標。透過企業的產品調整、技術創新和管理創新相結合，設計和開發出家用小冰箱，填補了家用小冰箱市場的空白。

一九九六年，集團開始了第二次創業。他們針對內外環境的變化，調整了經營策略，確定了建立國際化大型企業集團的策略目標，制定了規模化、多元化、集團化的經營方式，樹立了「更大、更強、更嶄新」的經營思維，設定了合理的短期目標，使集團在更高的起點上再次往上發展。

這給了我們一個重要的啟示，即確立明確合理的企業發展目標，然後將目標分解、實行嚴格的目標管理，是企業得以飛速發展，躋身領先地位的重要前提。

由此可見，制定合理的目標對企業經營有強大的指導作用。目標就是指南針，能夠指引企業一步步邁向持續的成功。目標能夠產生龐大的能量。有人問一家公司的總裁，什麼方法使員工緊緊的結合為一體，使公司具有堅強的戰鬥力？他想了想，說：「我們從來沒有失去目標，即使公司內部暫時沒有大型的專案、計畫，我們也總能從我們的對手、潛在的危機中選擇一個目標，我們的員工始終會感到——我們正在為一個共同的信念而奮鬥。」

成功的團隊會把他們的遠景規劃轉變為具體的、近期的目標。例如，某企業的業績要「在幾年內翻一倍」，或者在某時間使其「市場占有率達到第一」。

在目標實現的時間上，既要有近期目標，又要有遠期目標。只有遠期目標，易使人產生渺茫感；只有近期目標，則使人目光短淺，其激勵作用也會減少或不能維持長久。

另外，近期目標的制定也不是隨心所欲的，有效近期目標的制定，必須依照下列要求：

第一，對實現團隊長期目標能產生積極作用，並能指導團隊的傳播活動、行銷運作以及研發等團隊的日常經營項目。

第二，團隊近期目標要能夠量化。只有量化的目標才能夠進行有效的考核，也能夠清楚在團隊運行過程中，各個目標完成的具體情況。

第三，團隊近期目標要符合團隊內部資源狀況。與團隊內部資源能力不相符的團隊近期

目標，要麼不能夠帶來動力，要麼被認為是無法完成的任務而被放棄，失去信心。因此，一定要評估團隊資源能力之後，制定出能夠提升團隊成員士氣的目標。

總之，近期目標的設定既要指向和對應於團隊的遠景規劃，及展現團隊的宗旨使命，又要參考團隊的實際能力，只有這兩方面相結合，才能制定出切實可行的近期目標。

可見，近期目標並不是可有可無的，相反的，近期目標是達成遠期目標的路徑，只有扎實完成每一個階段目標，才有可能最終達成團隊的遠景規劃和宗旨使命。

第二章
人格修養決定管理高度——自我管理

管理並不是管理別人，最重要的是管理自己。

——彼得．杜拉克

①領導者是暴風雨中的舵手

杜拉克箴言

危機發生的關頭，就是呼喚領導者出現的時刻。

杜拉克認為，公司內任何職位的設立都不是擺飾，都不是空架子。管理者擁有某個職位，更意味著他同時被賦予了職位相配的某些權利和責任。管理者的最大價值就是解決問題，尤其是在危急時刻。一家公司的銷售經理小江對商品市場判斷失誤，造成了公司一千萬美元的損失。羞愧的小江隨即向董事長提出辭職，以示謝罪。

如果你是這家公司董事長，你會怎麼樣處理這件事？

或許你大度，或許你睿智，但我敢說大多數普通人會火冒三丈，嚴厲指責小江的過失，並做出開除小江的決定。這樣做有什麼好處呢？或許能收到殺一儆百的效果，或許能減弱你心中的忿忿之氣，但這樣做的結局於事無補，因為損失已成定局，不能挽回。這家公司的董事長當著小江的面把辭職信一撕兩半，扔進了垃圾桶，並笑著對他說：「你在開什麼玩笑？公司剛剛在你身上花了一千萬美元的培訓費，你不把它賺回來你別想離開公司！」

小江聞聽此言，相當意外，立即化羞愧為奮發，變壓力為動力，在隨後的一年時間內，為公司創造了遠遠多於一千萬美元的利潤。

由此可知，在危機時刻更需要領導者站出來，勇敢的帶領組織戰勝危機，將損失降低到最低點，而不是大發脾氣，把替企業帶來重大危機的人訓一頓，或是直接開除。反而應鼓舞他，給他彌補錯誤的機會，這才是管理者應有的作為。

香港首富李嘉誠的看法更直接：員工的錯誤就是管理者的錯誤。李嘉誠是一個非常寬厚的商人，十分體諒部下的難處。多年的經商經驗讓他懂得，經營企業並不簡單，犯錯是常有的事情，所以只要在工作中出現錯誤，李嘉誠就會帶頭檢討，把責任全部攬在自己身上，盡量不讓部下陷於失敗的陰影。他常說：「下屬犯錯誤，管理者要承擔主要責任，甚至是全部責任，員工的錯誤就是公司的錯誤，也就是管理者的錯誤。」

李嘉誠的誠懇態度令人敬佩，他能夠勇於承擔責任，沒有找藉口推脫的習慣，要從小時候在舅舅家打工說起。

初到香港的李嘉誠，在舅舅家的鐘錶公司工作。他非常好強，不願落在別人後面，做事情總是想著如何超越他人。自從加入鐘錶公司，李嘉誠非常勤奮，在別人休息時，他在學習如何修理鐘錶。為了盡快提高自己的技藝，李嘉誠還特地拜了一個師傅，遇到不懂的問題就

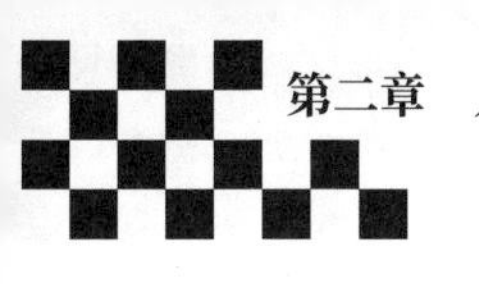

去請教師傅。師傅覺得李嘉誠非常聰明，而且如此好學，很願意教他。

有一次，師傅被派到外面工作，李嘉誠便自作主張的開始自己動手修手錶。但由於欠缺經驗，不但沒有修好，反而把手錶弄壞了。李嘉誠知道自己闖了大禍，他不但賠不起手錶，還有可能丟掉這份工作。

當師傅回來發現李嘉誠把手錶弄壞後，卻沒有罵他，只是輕描淡寫的告訴他下次不要再犯類似的錯誤。同時，師傅主動找到李嘉誠的舅舅，解釋說是自己一時疏忽，把手錶掉在地上，要求給予處分。師傅絕口不提李嘉誠修錶的事情，這件事使李嘉誠深有感觸。

本來是自己的錯誤，卻讓師傅承擔下來，李嘉誠覺得過意不去，於是就向師傅道謝。結果師傅告訴他：「你要記住，無論以後做什麼工作，作為管理者就應該為自己的下屬承擔責任，部下的錯就是管理者的錯誤，管理者應該負起這個責任。否則，就不配當領導者。」

儘管當時的李嘉誠年紀很小，不能完全領會師傅的意思，但這句話卻如同烙印一樣深深記在他的腦海裡——主動為部下承擔過失的管理者，才是好的管理者。

在出了問題的時候，管理者主動承擔責任，而不是逃避、推諉，不但可以穩定軍心，保持士氣，還有助於找到癥結，解決問題。即使承擔了一時難以辨明或與自己無關的責任，也不要緊，這樣既可以彰顯品格，凝聚人心，又可以在事情水落石出後，贏得員工的敬重。

不找藉口，能夠勇於承擔責任的管理者，展現的是一種高風亮節與光明磊落的精神，不僅能讓上司器重，更能增加威望，下屬也更易管理。

②先管理時間，再管理事業

杜拉克箴言

不能管理時間的人，便什麼也不能管理。

「不能管理時間，便什麼也不能管理。」這是杜拉克在《杜拉克談高效能的五個習慣》中，一個非常鮮明的觀點，在書中，他進一步提到：「有效的管理者知道，時間是一項限制因素，而在生產程序中，最稀有的資源，也是時間。時間是世界上最短缺的資源，除非嚴加管理，否則就會一事無成。」但遺憾的是，許多企業的管理者在審視企業的資源時，往往會對企業所擁有的人、財、物資源細加思量，卻任由自己的時間資源在不經意中被揮霍掉。

其實，只要有效的運用時間，就可以提高工作效率，在相同的時間裡做更多的事，而且做得更好，成為出色的管理者。如何才能有效的運用時間呢？

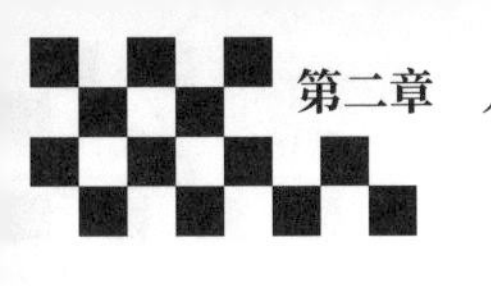

有研究證明，每個人在一天當中，都存在一個可以稱為高效率時段的最佳時間。大多數人早上最為清醒，也有些人下午的狀態最好，當然也有人晚上工作效率最高。管理者可以根據不同時間段對工作有效程度的大小而安排工作。比如，把最具挑戰性的工作分配到最能勝任的時間裡去完成。

十八世紀的一位思想家馬修·亨利說過一句話：「成大事者必起大早。」迪士尼的執行長羅伯特·艾格就合理利用清早與深夜的安靜時間高效率工作，每天四點四十五分起床，到健身房鍛鍊，六點抵達辦公室，閱讀各種資料，開始處理用不同顏色標記的各種文件，整理一天必須要回的電話，簽署支票，確定當天的日程，直到七點舉行一天當中的第一次會議。「我想人們都有自己的生理節奏，」他說，「不過對我來說，早晨是巔峰時刻，那時候比較心平氣和一點。」

艾莉雅·維爾拉是紐約市雅詩蘭黛集團公司董事會副主席，她總是喜歡把一些例行公事，如簽署信函、開支票等日常事務，安排在一天快要結束、大腦感到疲倦的時候再處理。維爾拉說：「如果我真要解決什麼重要問題，我會選擇週末的特定時間或大清早的安靜時間來處理，甚至凌晨三點可能會是非常有創造力的時間。」

除了為自己找到高效率時段，管理者還需要在工作時保持專注度。在某一時期，管理者的目標應該盡可能純粹一些，如果想要大小事都一把抓，效果自然不會太好。設法安排出不受外界干擾、相對集中在一起的工作時間，是進行時間管理的有效途徑。對電話進行篩選、過濾，將未經約定的來訪者擋在門外，或者找一個暫時不為人知的工作場所，是非常時期輔助提高工作效率的重要舉措。

曾國藩曾提出「讀書不二」法則，這是指在讀書的時候，如果東翻西閱，自然會分散一個人的注意力。同樣，管理者在處理某項工作的過程中，如果總是被別的事情打斷，也會影響工作效率，原因在於：人們在繼續該項工作之前，只有重新審視自己的工作進度，理順自己的思維，調整自己的注意力，以便重新進入角色，才能在停頓的地方接著做下去。而且工作性質越複雜，花費的時間就越多，影響也就越大。

管理者還要合理利用零碎時間。宋代大文豪歐陽脩很擅長利用一些零碎時間，他在對友人描述自己的寫作生涯時說道：「余平生所作文章，多在三上，乃馬上、枕上、廁上也。」原來，歐陽修把握了在馬上、枕上、廁上這些零碎的時間構思，一旦鋪開紙筆，就能夠做到思如泉湧，文章一氣呵成，為後世留下了一筆寶貴的文學財富。

做一個管理者，不僅要善於抓住點點滴滴的時間處理工作，還應該懂得把時間進行合理的規劃。我們可以從以下幾個方面駕馭時間，提高工作效率：

（一）善於集中時間

千萬不要平均分配時間，應該把你有限的時間集中到處理最重要的事情上，不可以每一樣工作都去做，要機智而勇敢的拒絕不必要的事和次要的事。

一件事情發生了，開始就要問：「這件事情值不值得去做？」千萬不能碰到什麼事都做，更不可以因為反正我沒閒著，沒有偷懶，就心安理得。

（二）要善於把握時間

每一個機會都是引起事情轉折的關鍵時刻，有效的抓住時機可以牽一髮而動全身，用最小的代價獲得最大的成功，促使事物的轉變，推動事情往前發展。

如果沒有抓住時機，常常會使已經快到手的結果付諸東流，導致「一招不慎，全盤皆輸」的嚴重後果。因此，獲得成功的人必須要審時度勢，捕捉時機，把握「重要時刻」，做到「恰到火候」，贏得機會。

（三）要善於協調兩種時間

對於一個獲得成功的人來說，存在著兩種時間：一種是可以由自己控制的時間，我們叫做「自由時間」；另外一種是屬於對他人他事的反應時間，不由自己支配，叫做「應對時間」。

這兩種時間都是客觀存在的，都是必要的。沒有「自由時間」，完完全全處於被動、應付狀態，不會自己支配時間，就不是一名成功的時間管理者。

可是，要想絕對控制自己的時間，在客觀上也是不可能的。想把「應對時間」變為「自由時間」，實際上也就侵犯了別人的時間，這是因為每一個人的完全自由必然會造成他人的不自由。

（四）要善於利用零散時間。

時間不可能集中，常常出現許多零碎的時間。要珍惜並且充分利用大大小小的零散時間，把零散時間用來做零碎的工作，從而盡最大可能的提高工作效率。

（五）善於運用會議時間。

召開會議是為了溝通資訊、討論問題、安排工作、協調意見、做出決定。妥善的運用會議的時間，就會提高工作效率，節約大家的時間；運用得不好，則會降低工作效率，浪費大家的時間。

時間對每一個人都是均等的，成功與否，關鍵就在於你怎麼利用每天的二十四小時。會用的，時間就會為你服務；不會用的，你就為時間服務。誠如魯迅所說的那樣：「時間就像海綿裡的水，只要願擠，總還是有的。」對於管理者來說，對時間的珍視應該成為一種自覺的行動，想方設法挖掘時間的潛在價值。管理者是企業的核心人員，往往主宰著企業的生命，浪費自己的時間，就等於扼殺企業的生命。

不在其位，不謀其政

杜拉克箴言

卓有成效的管理者，要勇於決定真正該做和真正先做的工作。

杜拉克說：「我見過的卓有成效的管理者，幾乎沒有什麼共同點，他們在性格、知識和興趣方面都迥然不同。他們唯一的共同點，就是將正確的事情做好，將不必要的工作砍掉。」《共好！》一書的作者肯·布蘭佳也總是將這樣的一句話掛在嘴邊：「不值得做的事，就不值得做好！」事實上，有許多管理者，特別是家族企業的管理者，喜歡把所有工作都攬在自己身上，恨不得像是換個釘子、修個桌子這樣芝麻綠豆大的事也要過問，他們希望每件事情都在他的掌控之中、圓滿的完成，得到管理者、同事、下屬的認可和讚揚。這種事事求全、事必躬親的想法是好的，但卻不一定能收到好的效果。而孔子卻是反對這樣去做的，並且在

《論語》中，我們可以看到這一點。

《論語．泰伯第八》子曰：「不在其位，不謀其政。」

《論語．憲問第十四》曾子曰：「君子思不出其位。」

孔子說：「不在那個職位上，就不考慮那個職位上的事情。」這句話恐怕是對一個管理者應該行使的職權範圍的最經典的論述了。曾子也說過：「君子思不出其位。」意思是君子考慮問題，從來不超出自己的職位範圍，也不應該脫離現實環境。可見，根據自己的身分和地位思考問題，不僅是一個管理者應該具備的基本修養，也是保持企業內部良好秩序規範的重要準則。

為什麼這麼說呢？

首先，一個人的精力是有限的。在現代企業中，管理工作千頭萬緒，極為繁雜，如果管理階層事無分大小都事必躬親，即使有三頭六臂，也會應接不暇，難免事與願違。

其次，領導者擁有絕對的決策權，地位比較特殊，倘若事事都由領導者做出決斷，勢必造成企業效率的低下。

還有，企業裡、部門裡並非只有你一個人才，你把所有的事情都做了，那麼，其他的人去做什麼呢？別人難免會滋生不良情緒，認為你是因為不信任他們而不給他們權力。而且會

認為你是一個剛愎自用、獨斷專權的人。

另外，有一些員工會因為凡事都由你代勞或過問，失去工作的積極性而養成懶散、消極的毛病。

透過以上的分析，管理者越權管理，用過多的精力去過問本不屬於管理者職權範圍之內的事情，會造成如此多的弊端，那麼，管理者必須學會正確授權。

授權是管理者從繁瑣的事務中脫離出來的最佳途徑。佩羅集團創始人、董事長羅斯·佩羅為此說過：「領導就是放權給一批人，讓他們努力奮鬥，去實現共同的目標。為此，你就得充分開發他們的潛能。」

一個高效率的管理者，應該把精力集中到少數最重要的工作中去，次要的工作甚至可以完全不做。人的精力有限，只有集中精力，才可能真正有所作為，才可能做出有價值的成果，所以不應被次要問題分散精力。他必須盡量放權，以騰出時間去做真正應該做的工作，即安排工作和設想未來。

北歐航空公司董事長卡爾森大刀闊斧的改革北歐航空系統的陳規陋習，就是依靠合理的授權，給予下屬充分的信任和活動自由而進行的。

因公司航班誤點不斷引起旅客投訴，卡爾森下決心要把北歐航空公司變成歐洲最準時的航空公司，但他想不出該怎麼下手。卡爾森到處尋找，看看到底要由哪些人來負責處理此事，最後他找到了公司營運部經理雷諾。

卡爾森對雷諾說：「我們如何才能成為歐洲最準時的航空公司？你能不能替我找到答案？過幾個星期來見我，看看我們能不能達到這個目標。」

幾個星期後，雷諾約見卡爾森。

卡爾森問他：「怎麼樣？可不可以做到？」

雷諾回答：「可以，不過大概要花六個月時間，還可能花掉一百六十萬美元。」

卡爾森插話說：「太好了，這件事由你全權負責，明天的董事會上我將正式公布。」

大約四個半月後，雷諾請卡爾森去看他們幾個月來的成績。

各種資料顯示，在航班準點方面，北歐航空公司已成為歐洲第一。但這不是雷諾請卡爾森來的唯一原因，更重要的是，他們還省下了一百六十萬美元中的五十萬美元。

卡爾森事後說：「如果我先是對他說，『好，現在交給你一個任務，我要你使我們公司成為歐洲最準時的航空公司，現在我給你兩百萬美元，你要這麼這麼做。』結果會怎樣，你們一定也可以預想到。他一定會在六個月以後回來對我說：『我們已經照你所說的做了，而且也獲得了一定的進展，不過離目標還有一段距離，也許還需要花九十天時間才能做好，而且

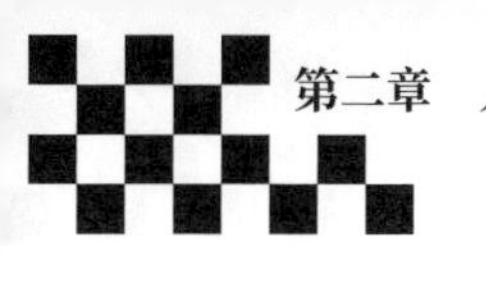

還要追加一百萬美元經費。』可是這一次，這種拖拖拉拉的事情卻沒有發生。他要這個數目，我就照他要的給，他順順利利的就把工作做完了，也辦好了。」

合理的給予下屬權力，不僅有利於增強下屬的積極性和創造性，而且還能大大提高領導者本身和團隊的工作效率。這是領導管理的技巧，也是一種藝術。

一名管理者，不可能控制一切；你協助尋找答案，但本身並不提供一切答案；你參與解決問題，但不要求以自己為中心；你運用權力，但不掌握一切；你負起責任，但並不以盯人方式來管理下屬。你必須使下屬覺得跟你一樣有責任關注事情的進展。而把管理當作責任，而不是地位和特權，正是管理者能夠進行真正的、有效授權的基本保證。

那些事必躬親的管理者往往會有這樣的想法：他們應該主動深入到工作當中去而不應該坐等問題的發生；或者，他們應當向下屬們表示出自己不是一個愛擺架子，或者高高在上的領導者。這些想法確實值得肯定，但是管理者用不著選擇事必躬親，因為這樣做不僅沒有任何好處，還會讓管理者付出很大的代價。如果你有著事必躬親的傾向，那麼下面幾點建議應該會對你有所幫助。

（一）學會置身於事外

實際上，團隊裡的有些事務並不需要你的參與。比如，下屬們完全有能力找出有效的辦法來完成任務，那用不著管理者來指手畫腳。也許你確實是出於好意，但是下屬們可能不會領情。更有甚者，他們會覺得你對他們不信任，至少他們會覺得你的管理方法存在著很大的問題。當出現這種情況時，你應當學會如何置身於事外。這裡有一個小小的竅門：在你決定對某項事務發布命令之前，你可以先問自己兩個問題：「如果我再等等，情況會怎麼樣」以及「我是否掌握了發布命令所需要的全部情況」。如果你覺得插手這項事務的時機還不成熟，或者目前還沒有必要由自己來親自做出決定，那麼你應當選擇沉默。在大多數情況下，事實上也許根本不用你費心，你的下屬們就會主動的彌補缺漏。透過這樣縝密的考慮，你會發現也許有時你的命令是不必要的，甚至會使情況變得更糟。

（二）恰當的授權

當組織發展到一定階段，隨著管理事務的日益增多，管理者已經無法將所有的問題都自己扛，這時就需要授權。從某種意義上說，授權是管理最核心的問題，也是簡單管理的要義，因為管理的實質就是透過其他人去完成任務。授權意味著管理者可以從繁雜的事務中解脫出來，將精力集中在管理決策、經營發展等重大問題上面。透過授權，你可以把下屬管理得更好。讓下屬獨立去完成某些任務，有助於他們成長。因此，恰當的授權非常重要，這樣可以得到授權的最大好處，並將風險降到最低。

（三）弄清楚究竟哪些事務你不必「自己扛」

既然明白了事必躬親的弊端，那麼下一步你必須明確授權的範圍，也就是說，究竟哪些事務你不必「自己扛」。根據公司組織的實際情況，授權的範圍肯定會有所不同。但這其中還是有一些規律性的東西。

一位將軍告訴我們，作為一名偉大的將軍，他的成功有很大一部分來自有效的分工所帶來的「簡單管理」。「我對很多方面都放任不管。」這就給了他的部下很大的自由空間去做決策。每一個管理者都應該深刻的領悟到此言的含義：授權予下屬，不僅可以使你從繁忙的工作當中解脫出來，更可以增強下屬工作的積極性。這一箭雙鵰的辦法，是每位管理者都應學會使用的。

④ 寬容是領導者必備的特質

杜拉克箴言

一個人不可能只有長處，必然也有短處。所以，一個會管理自我的管理者、一個卓有成效的管理者知道在用人之所長的同時，必須容忍人之所短。

杜拉克曾說過：「一個人不可能只有長處，必然也有短處。所以，一個會管理自我的管理者、一個卓有成效的管理者知道在用人之所長的同時，必須容忍人之所短。」這是要求管理者必須管理好自己，且必須要有容人的肚量，這樣才能把事做成，讓管理卓有成效。

管理者應有容天地萬物的氣度，這也是優秀管理者必備的素養之一。管理者的寬容主要表現為虛懷若谷、寬恕禮讓、容納異己、以德報怨。待人寬容，不僅在團隊管理中受人尊敬，讓部下產生信服之感，還能使自己較容易獲得非權力影響力。胸懷寬度決定著管理高度，有時無聲的寬恕比批評指責更有說服力。

西元一八六〇年，林肯當選為美國總統。有一天，一位名叫巴恩的銀行家到林肯的總統官邸拜訪，正巧看見參議員薩蒙．蔡斯從林肯的辦公室走出來。於是，巴恩對林肯說：「如果您要組閣的話，千萬不要將此人選入您的內閣。」

林肯好奇的問：「為什麼？」

巴恩說：「因為他是一個自大成性的傢伙，他甚至認為他比您偉大得多。」

林肯笑了：「哦，除了他以外，您還知道有誰認為他比我偉大得多嗎？」「不知道，」巴

恩回答道，「不過，您為什麼要這樣問呢？」

林肯說：「因為我想把他們全部選入我的內閣。」

事實證明，巴恩的話是有道理的。蔡斯果然是個狂妄自大，而且嫉妒心極重的傢伙。他狂熱的追求最高領導權，本想入主白宮，不料落敗於林肯，只好退而求其次，想當國務卿，林肯卻任命了西華德，無奈，蔡斯只好坐第三把交椅——當了林肯政府的財政部長。為此，蔡斯一直懷恨在心，激憤不已。不過，這個傢伙確實是個大能人，在財政預算與整體調度方面很有一套。因此，林肯一直十分器重他，並透過各種方式盡量減少與他的衝突。

後來，目睹過蔡斯種種行為、並收集了很多資料的《紐約時報》主編亨利．雷蒙德拜訪林肯的時候，特地告訴他蔡斯正在狂熱的大肆準備，謀求總統職位。林肯以他一貫以來特有的幽默對雷蒙德說：「亨利，你不是在鄉村長大的嗎？那你一定知道什麼是馬蠅了。有一次，我和我兄弟在肯塔基老家的農場裡耕作。我管馬，他扶犁。偏偏那匹馬很懶，老是怠工。但是，有一段時間牠卻在田裡跑得飛快，我們差點都跟不上牠了。到了田地的盡頭，我才發現，有一隻很大的馬蠅叮在牠的身上，於是我把馬蠅打落在地。我的兄弟問我為什麼要打掉牠，我告訴他，不忍心讓馬被咬。我的兄弟說：『哎呀，就是因為有那傢伙，這匹馬才跑得那麼快。』」

然後，林肯意味深長的對雷蒙德說：「現在正好有一隻叫『總統慾』的馬蠅叮著蔡斯先生，那麼，只要牠能使蔡斯掌管的那個部門不停的跑，我就不想打落牠。」

海納百川，有容乃大。管理者一定要有一顆寬容之心。下屬的信任與尊重來自管理者寬以待人的行為，要提升管理的高度，管理者就必須拓寬自己的胸懷。成功的管理者之所以能讓員工們都跟隨他們，就是因為他們懂得寬容，用寬容的習慣支配自己的行動，為他人也更為自己開啟了方便之門。

管理者要想邁向成功就要具備寬容的個性，這一點也是至關重要的。寬容首先表現在對人的個性的接納，允許別人擁有與自己不同的性格、愛好和要求，不能要求別人和自己一樣，對別人吹毛求疵，要有一種寬容的心胸，擁有能欣賞別人特點的能力。

在一個主管團隊裡，每個人的個性是不一樣的。在性格上，可能有內向和外向之分，在氣質上，在能力上也各有各自的特長和不足。這樣，有人做事可能果敢、俐落，性格剛烈，辦事效率高，但無韌性；有人做事可能周到細心，性格柔韌，辦事效率不高。如果能看到彼此的特點，在工作中互相配合好，就能彌補各自缺陷，既把事情做好，又能和下屬打好關係，使主管團隊顯得充滿活力，性格錯落有致，能力互補，讓人對團隊有一種配合默契的感覺，對各個主管的風格都有一種欣賞心理，因為良好的配合弱化了每個人的缺點，突出了個

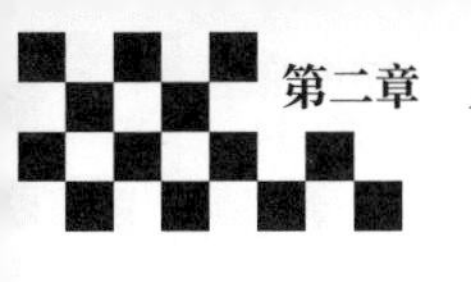

體的優點，主管團隊的感召力大大增強。

因此，管理者有寬容和相容的精神，就會使所屬群體中每個人的個性充分發揮而又不影響群體的發展，就像一個好的園丁，在他的花園裡，有百花齊放的景象，有爭妍鬥奇的風景。人們光顧這裡時，有一種賞心悅目的感受，對園丁的技術充滿敬意，因為他既培育出了萬紫千紅的景觀，又把每一處景致合理的發展，不讓某一個體破壞了整體的景象。

幾乎每個團隊都有個性鮮明，我行我素，同時又能力超強、充滿質疑和變革精神的員工，在一些團隊中，他們被叫做「問題員工」，或者「麻煩人物」。這種「麻煩人物」實際上是團隊的「非常之才」，擁有一般人不可替代的特殊能力。大家熟悉的《西遊記》中的「齊天大聖」孫悟空，就是這種「非凡之才」。唐僧要去西天取經，不可缺少孫悟空。團隊要發展，更不可缺少非凡之才。

非常之才是員工中很特殊的一個群體：他們承擔著很大的責任，發揮著很重要的作用，同時有著特殊的個性、心理、習慣、需求和欲望。無論是在團隊還是社會領域，非常之才往往桀驁不馴，這似乎是個通病。很多非常之才經常表現為恃才傲物，團隊合作性不強，愛跟上司頂撞等；但另一方面，非常之才往往有過人的技能，有銳氣，有不間斷的創意，而這又是團隊極為重要的。正是因為有了這些特別之處，非常之才在團隊裡往往讓管理者又愛又恨：愛的是他們的業績突出，恨的是他們難以管束。這也是很多非常之才容易被人戲稱為「麻煩人物」的緣由。

作為「麻煩人物」的上司，更要具有一種開放的心態，以及包容的胸懷。團隊中的「麻煩人物」會促使領導者不斷完善自己的團隊。作為一個管理者，你最大的成就就在於建立並統率一支由擁有各種不同專業知識及特殊技能的成員所組成、具有強大戰鬥力與強大凝聚力的團隊，不斷挑戰更高的工作目標。

《墨子．尚賢上》中說：「國有賢良之士眾，則國家之治厚。賢良之士寡，則國家之治薄。故大人之務，將在於眾賢而已。」這對於一個國家如此，對於一個組織、一個團隊莫不如此。如果一個團隊領導者，手下沒有得力的人員，那麼這個團隊是不會興旺發達的。據此，領導者要想獲得優異的績效，就應該容納人才，把有能力的人團結在自己的周圍，形成合力，共鑄成功。

一次只做一件事

杜拉克箴言

一個管理者能完成許多大事的祕訣，就在於一次只做一件事。

杜拉克說，如果卓有成效還有什麼祕密的話，那就是善於集中精力。卓有成效的管理者總是把重要的事情放在前面先做，一次做好一件事。

紐約中央車站的詢問處，每天旅客都絡繹不絕，許多陌生的旅客不可避免要問一些問題。如何在向提問者回答的時候，做到方寸不亂，對於櫃檯後面的服務人員來說，著實是一件傷腦筋的事。可是事實上，有人注意到有一個服務人員的工作狀態卻好到了極點。

此刻在她面前的旅客，是一個矮胖的婦人，臉上充滿了焦慮與不安。服務人員把頭抬高，集中精力，透過她的厚鏡片看著這位婦人，「妳要去哪裡？」

這時，有位穿著入時、一手提著皮箱、頭上戴著昂貴的帽子的男子，試圖插話進來。但是，這位服務人員對他卻置之不理，只是繼續和這位婦人說話：「妳要去哪裡？」

「特溫斯堡。」「是俄亥俄州的特溫斯堡嗎？」「是的。」

「那班車將在十分鐘之後發車，上車在十五號月台。妳走快一點還趕得上。」

「我還能趕得上嗎？」

「是的，太太。」

婦人轉身離去，這位服務人員立即將注意力轉移到下一位客人——剛才插話的那位戴著高貴帽子的男子。但這時先前那位婦人又回頭來問了一句：「妳剛才說是十五號月台？」這一次，這位服務人員集中精力在下一位旅客身上，輪到對這位頭上綁絲巾的婦人置之不理了。

有人請教那位服務人員：「能否告訴我，妳是如何做到並保持冷靜的呢？」

那個服務人員說：「我一次只專心服務一位旅客，這樣工作起來才能有條不紊，為更多的人服務。」

一個人的生命是有限的，如果我們的工作和生活總是被那些瑣碎的、毫無意義的事情所占據，那麼我們就沒有精力去做真正重要的事情了。

魯迅當年在上海寫作時，他曾為自己定下一項原則：除非有特殊的緊急事件要處理，否則就要全心全力的投入到寫作工作中。他把所有的精力集中在一件事情上，為自己營造一個創作與高效率結合的工作環境。他每天一坐到桌子前，就不再想別的事，就算是手中的書稿寫到最後結尾時，他也絕不會想著其他的什麼。這項原則伴隨魯迅專心致志的忘我工作，讓

魯迅沒有感覺到寫作是一件枯燥無味的工作。他在上海近十年之間創作了大量的作品，《而已集》、《三閒集》、《二心集》等作品，都是他在上海期間所作。當一個人專心致志於一件事情的時候，好像世界上就只剩下了這一件事。

一位製藥公司的總裁，在他上任之初，公司的規模還很小，業務範圍也相當有限。但在他任職十一年裡，即將退休的時候，公司已成為世界性的大公司了。他用了什麼祕訣，讓公司如此快的走上發展的軌道的呢？

究其原因，主要在於，他剛上任的最初幾年，主要集中力量研究工作，推動研究計畫，搜羅研究人才。

然而，這個公司在研發方面一直都不占優勢，這位總裁終於意識到，公司絕不能再花五年時間去做別人五年前就已經在做的事了。於是他當機立斷，重新調整了自己和公司的發展方向。結果不到五年，該公司就已在兩項新計畫上高居領先地位了。

接著他又將這家公司發展成為了國際性的大企業。在當時，瑞士的製藥業一向執世界之牛耳。他仔細分析了全世界藥品消耗的趨勢，斷然判定健康保險和大眾醫療服務將來必定是刺激藥品用量的主要因素。因此，他配合了某一國家的健康保險的發展，大步伐的打入了國際市場，而且沒有捲入競爭的漩渦。

在任職的最後五年，他又集中力量制定了一項新策略，以配合現代醫療制度的改革，這種制度正在很快的把醫療變成一種「公用事業」。

在這種制度下，病人看病，醫生開處方，而費用則由政府、非營利性醫院及社會福利機構負擔。

這項政策的制定正逢他退休之際，成功與否需要繼任者的努力。但是他的要事優先的管理策略，已經為繼任者打開了良好的局面。

作為總裁，要在任期內做成一件這樣非比尋常的工作已非易事，而這位先生在職十多年，竟然做出了三項重大決策，同時還把公司發展成實力雄厚的世界性企業。杜拉克分析這位總裁成功的原因，就在於他能每次只專心做好一件事。

一個人如何能夠完成這樣多的大事，而且是這樣艱巨的大事，「祕訣」盡在其中：每次只集中精力做好一件事。而結果是，他們所用的時間總比別人少得多。

然而有些人卻做得很吃力，實際上卻一事無成，原因有三：

（一）他們低估了完成一件任務所需的時間。很多事情都不會像我們想像中的那麼順利，總免不了有意料之外的事情發生。因此，一個真正聰明的管理者，會懂得將意料之外的事，做到在意料之中。所以，有效的管理者對時間需求的估算，寧可有餘，而不可不足。

（二）一般的管理者總喜歡趕工，而趕工的結果，總不免使進度更加落後。有效的管理者不願賽跑，他們按部就班，穩定前進。

（三）一般的管理者喜歡同時著手幾件要事，結果對每一件事，他們都無法獲得足夠的完整時間。只要任何一件事情受阻，全部事情也都跟著受阻了。

⑥ 在行動前規劃好時間

杜拉克箴言

懂得利用時間的管理者，可以經過規劃而獲得成果。

很多管理者總是抱怨時間不夠用，然而，他們是否想到，為自己的工作制定一個詳盡的計畫，並且不斷的按照計畫的要求去不折不扣的執行呢？與其把時間浪費在沒有用的爭吵、抱怨和牢騷中，還不如制定自己的計畫，立即行動起來。卓有成效的管理者往往都是時間管理的精明者，絕不是在不知不覺之間浪費時間的人。

美國的幾個心理學家曾做過這樣一個實驗：把學生分成三組進行不同方式的投籃技巧

訓練。第一組學生在二十天內每天練習實際投籃，把第一天和最後一天的成績記錄下來。第二組學生也記錄下第一天和最後一天的成績，但在此期間不做任何練習。第三組學生記錄下第一天的成績，然後每天花二十分鐘做想像中的投籃動作，如果投籃不中時，他們便在想像中做出相應的糾正。實驗結果顯示：第二組學生沒有絲毫長進；第一組進球率增加了百分之二十四；第三組進球率增加了百分之二十六。由此，心理學家得出結論：行動前如果進行頭腦熱身，構想要做之事的每個細節，梳理思路，然後把它深深銘刻在腦海中，當你行動的時候，就會得心應手。

這個實驗告訴我們的，就是時間計畫的重要性。好的時間規劃是成功的開始，做事沒有計畫，行動起來就必然會是一盤散沙。只有事前擬定好了行動的計畫，梳理通暢了做事的步驟，做起事來才會應付自如。

下面我們看一個善於計劃時間而走向成功的例子。澳洲一家頗具規模的製造公司，設有三個事業部：蔗糖部、建築與建築材料部，以及礦業與化學品部，每個事業部下面又分出若干分公司。近年來，為符合公司在經營管理方面總目標的策略計畫，經常定期召開各種會議，透過這些會議，使各級管理人員了解整個公司的業務情況和各種目標。在每個月的董事會會議之後，公司總經理要會晤各部門的五十名高階主管人員，與他們商討公司的業務情

況。另外，公司每年還召開兩次中階經理人員會議，使他們了解外界環境的各種變化及其對公司業務的影響，並制定出詳細的應對計畫。

在公司的三個事業部中，以安德烈領導的礦業與化學品部的計畫工作最為成功。計畫工作的程序是自下而上。參與制定計畫的人員包括該部所屬的十家公司的經理，某些情況下，這些分公司的廠長和業務經理也會參加。

為了使各個分公司的步調能夠形成一致，安德烈總是把總公司對通貨膨脹及其他各種經濟因素的看法，及時告訴各分公司的經理，讓他們把這些因素作為制定計畫時的參考資料。各個分公司從每年的四月份（該公司會計年度開始的月份）開始制定自己的策略計畫，在八月份之前制定完畢，並交給總公司的部門經理。部門經理在收到這些計畫之後，先進行挑選，再安排先後次序，最後是在這些計畫的基礎上制定出部門的策略計畫。部門的計畫包括對各分公司未來五年的展望、主要的問題、所採用的策略，以及各種投資計畫等內容。該計畫還對投資報酬率和內部報酬率進行調整和修正。接著，各事業部要把自己的計畫送到總公司的財務部，財務部於九月份將部門的計畫送往公司總經理辦公室。在此後的一個月中，總管理處與各部門的經理會仔細研究和討論他們的計畫。

在每年的十一月份之前，總公司會把各種指導性文件發到各大部門，該文件詳細的說明了哪些計畫已被批准，以及總公司對各部門有什麼期望。在這個會計年度的最後幾個月裡，各部門根據總公司發下來的指導性文件，重新制定自己的策略計畫並編制預算。隨後，總公司再根據這些計畫制定出整個公司的總計畫。總計畫應對整個公司的目標和策略做出詳細的說明，並附有必要的統計資料。透過這一道道繁複的程序，最後制定出來的計畫就是確實可行的。為進一步確保策略計畫的順利完成，該公司還建立了一套「追蹤審核」制度。該制度規定，在每一個會計年度結束之前，各分公司都應指派專門的稽核人員，對計畫執行的情況進行檢查，並寫出「追蹤審核」報告，從而做到能使一年的預測更為準確。正是這樣一個嚴密的計畫制定過程和監督執行過程，保證了這家製造公司在經營中很少發生失誤，從而保持了公司蒸蒸日上的發展形勢。

很多公司都不注重工作前的計畫制定，其實，制定計畫既是一個細節性問題，更是一個關鍵性問題。「凡事豫則立，不豫則廢」。做一件事，只有美好的設想是遠遠不夠的。計畫可以對你的設想進行科學的分析，讓你知道你的設想是否可以實現。計畫可以作為你實現設想過程的指導，大大節省你的時間，減輕壓力。有了好的計畫，你就有了好的開始。

懂得把時間進行合理的規劃，可以提高工作效率。為此，我們可以從以下幾個方面駕馭時間：

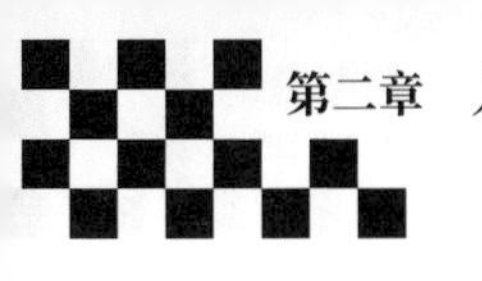

（一）善於集中時間

千萬不要平均分配時間，應該把你有限的時間集中到處理最重要的事情上，不可以每一樣工作都去做，要機智而勇敢的拒絕不必要的事和次要的事。

一件事情發生了，一開始就要問：「這件事情值不值得去做？」千萬不能碰到什麼事都做，更不可以因為反正我沒閒著，沒有偷懶，就心安理得。

（二）要善於把握時間

每一個機會都是引起事情轉折的關鍵時刻，有效的抓住時機可以牽一髮而動全身，用最小的代價獲得最大的成功，促使事物的轉變，推動事情往前發展。

如果沒有抓住時機，常常會使已經快到手的結果付諸東流，導致「一招不慎，全盤皆輸」的嚴重後果。因此，獲得成功的人必須要審時度勢，捕捉時機，把握「關鍵時刻」，做到「恰到火候」，贏得機會。

（三）要善於協調兩種時間

對於一個獲得成功的人來說，存在著兩種時間：一種是可以由自己控制的時間，我們叫做「自由時間」，另外一種是屬於對他人他事的反應時間，不由自己支配，叫做「應對時間」。

這兩種時間都是客觀存在的，都是必要的。沒有「自由時間」，完完全全處於被動、應付狀態，不會自己支配時間，就不是一名成功的時間管理者。

可是，要想絕對控制自己的時間，在客觀上也是不可能的。想把「應對時間」變為「自由時間」，實際上也就侵犯了別人的時間，這是因為每一個人的完全自由必然會造成他人的不自由。

（四）要善於利用零散時間

時間不可能集中，常常出現許多零碎的時間。要珍惜並且充分利用大大小小的零散時間，把零散時間用來做零碎的工作，從而盡最大可能的提高工作效率。

（五）善於運用會議時間

召開會議是為了溝通資訊、討論問題、安排工作、協調意見、做出決定。妥善的運用會議的時間，就會提高工作效率，節約大家的時間；運用得不好，則會降低工作效率，浪費大家的時間。

7 要想卓越，就要承擔重要的工作

只有接受了重要的工作後，才會覺得自己的重要。

杜拉克箴言

在公司發展的關鍵時刻挺身而出，這是優秀管理者的共通點。很多成功的專業經理人就是因為在關鍵時刻的卓越表現，而擁有了專業提升的資本和良機。只有承擔了重要的工作，管理者才能實現卓越。

在一次成功上班族的培訓活動中，一家知名企業的人力資源部總經理傅先生分享了自己在工作中不斷提升的經驗，他最大的感想是：除了平時將工作做好，更重要的是在關鍵時刻經受得起考驗，為公司做出最有效的貢獻，從而贏得更大的機會。

幾年前，傅先生還在一家大企業從事文書工作，平時很難得見到公司總裁。

有一次，公司集中主要管理人員在一個大飯店開會，傅先生也參加了。

一天早餐時，總裁與辦公室主任談起市場貨物流失嚴重，經銷商經常欠款不還的問題。這在當時是公司相當棘手的一個問題。這本來與傅先生沒有關係，當時他只不過是一個地區經理手下的辦公室主任，這些問題主要由企業的律師、財務及行銷中心等部門去解決。

可是在這種關鍵時刻，傅先生考慮到企業的利益，便大膽向總裁提出一個建議：成立一個團隊，選派得力的負責人帶頭，並立下軍令狀，完成任務後給予重賞，完成不了任務則重罰，甚至自動「畢業」。

總裁正在為這數以百萬計的債務發愁呢，突然見到有人自告奮勇，挑起這個重擔，自然十分高興。於是總裁當場拍板由傅先生帶頭成立這個團隊，統籌解決欠款的工作。

得到總裁的任命後，傅先生調集法律顧問、財務、審計人員，進行嚴密分工、重點突破、有序推進，層層分解解決欠款問題的工作指標，讓大家務必完成軍令狀中立下的任務。

年終時，傅先生為公司收回了一百多萬元欠款，大大挽回了公司的損失。

這次關鍵時刻的有效貢獻，讓傅先生一下子成為了公司的關鍵人物，他不僅在物質上得到了豐厚的回報，更被提拔為高層管理人員。

很多成功人士都和傅先生有一個相同點，就是在關鍵時刻貢獻出自己最有效的智慧。因為在關鍵時刻，你如果能夠貢獻出「扭轉乾坤」的智慧，你對組織的貢獻最大程度的發揮了出來，從而獲得最高管理者的關注，成為組織中的關鍵人物。

我們再來看一個故事：

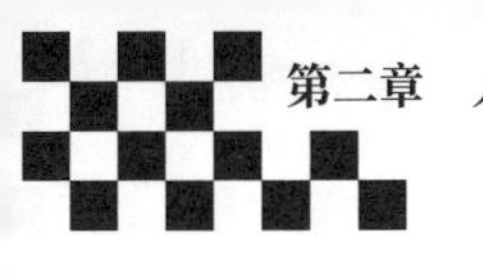

西元一七九三年，守衛土倫城的法國軍隊叛亂。叛軍在英國軍隊的援助下，將土倫城圍得像銅牆鐵壁。

法國軍隊前來平息叛亂，可是土倫城四周都是水，只要他們一攻城，巡弋在水面上的英國軍艦就猛烈開火。而法軍的軍艦遠遠不如英軍的軍艦，根本打不過他們，這可怎麼辦？

就在僵持不下的關鍵時刻，在平息叛亂的隊伍中，有一位非常年輕的炮兵上尉，他靈機一動，寫了一張紙條交給了指揮官：「將軍閣下：請急調一百艘巨型木艦，裝上陸戰用的火炮代替艦炮，攔腰轟擊英國軍艦，以劣勝優！」

指揮官一看，果真是個妙計，於是他趕緊照著這位年輕上尉的建議去做。

果然，這種「新式武器」一經使用，英國艦艇根本抵擋不住，僅僅用了兩天時間，英軍艦艇就被轟得四分五裂，不得不狼狽逃走。而土倫城中的叛軍見到這種情形，也只得繳械投降。

經過這次事件後，這位年輕的上尉被升職為炮兵準將。而這位睿智的年輕上尉，就是後來的法國皇帝、威震世界的拿破崙！

很多成功人士都和拿破崙有一個相同點，就是在關鍵時刻貢獻出自己最有效的智慧。因為在關鍵時刻，你如果能夠貢獻出「扭轉乾坤」的智慧，你對組織的貢獻最大程度的發揮了出來，從而獲得最高管理者的關注，成為組織中的關鍵人物。

⟨8⟩ 毫無成效就被定義為浪費

杜拉克箴言

管理者的大部分時間，都是浪費在一些非做不可但毫無成效，或成果有限的事情上。

杜拉克認為，無意識的浪費時間是很多管理者的通病。在組織中的位置越高，管理者的這種傾向便越嚴重。對於管理者而言，如果想獲得任何績效，那他必須將精力集中到整個機構的工作成果和績效目標上。這樣，就需要管理者學會如何才能省出大塊時間。

商業及電腦鉅子羅斯．佩羅說：「凡是優秀的、值得稱道的東西，每時每刻都處在刀刃上，要不斷努力才能保持刀刃的鋒利。」羅斯認知到，人們確定了事情的重要性之後，不等於事情會自動辦得好，你或許要花很大力氣才能把這些重要的事情做好。始終要把它們擺在第一位，你肯定要費很大的力氣。

安德烈亞·帕拉第奧是利用時間的「楷模」，他從來不浪費一秒鐘的時間，只要時間允許，他就一定會拚命工作。所有知道他的人都說：「看，安德烈亞·帕拉第奧真是太會珍惜時間了！」人們都知道，為了能成為一名出色的建築師，他拚命的想要抓住每一秒鐘的時間。

每天，他把大量的時間用在設計和研究上。除此之外，他還負責很多方面的事務，每個人都知道他是個大忙人。他風塵僕僕的從一個地方趕到另一個地方，因為他太負責任了，以至於不放心交給任何人，每一項工作都要自己親自參與了才放心。時間長了，他自己也感覺到很累。

其實，在他的時間裡，有很大一部分時間都浪費在管理亂七八糟的事情上。無形中，他增加了自己的工作量。

有人問他：「為什麼你的時間總是顯得不夠用呢？」他笑著說：「因為我要管的事情太多了！」後來，一位教授見他整天忙得暈頭轉向，仍然沒有獲得令人驕傲的成績，便語重心長的對他說：「大可不必那樣忙！」

「大可不必那樣忙！」這句話給了安德烈亞·帕拉第奧很大的啟發，就在他聽到這句話的一瞬間，他醒悟了。他發現自己雖然整天都在忙，但所做的真正有價值的事實在是太少了！這樣做，對實現自己的目標不但沒有幫助，反而限制了自己的發展。

隨之，安德烈亞除去了那些偏離主方向的項目，把時間用在更有價值的事情上。很快，他的一部傳世之作《建築四書》問世了。該書至今仍被許多建築師們奉為「聖經」。

由此可知，要省出大片的時間，管理者就必須要有要事為先的思維。只有這樣，才能實現管理上的高效率，促進企業的高效率運轉。

無獨有偶，查爾斯·施瓦布是伯利恆鋼鐵公司總裁，一開始，公司的發展不太順利，他只好去會見效率專家艾維·李，希望能得到他的幫助。

艾維·李笑笑說：「我可以在十分鐘內給你一樣東西，這東西能幫助你至少提高百分之五十的公司業績。」

艾維·李拿出一張空白紙，遞給查爾斯·施瓦布說：「在這張紙上寫下你明天要做的六件最重要的事。」

過了一會兒，艾維·李又說：「現在用數字標明每件事情對於你和你的公司的重要性次序。」

又過了大約五分鐘，艾維·李接著說：「施瓦布，現在請你把這張紙放進口袋裡面，還有，你可以走了。」

查爾斯·施瓦布不解的看著艾維·李，不知道對方葫蘆裡面賣的是什麼藥。

艾維．李解釋道：「明天早上第一件事是把紙條拿出來，做第一項。不要看其他的，只看第一項。著手辦第一件事，直至完成為止。」「那麼，然後呢？」查爾斯．施瓦布問道。「用同樣方法對待第二項、第三項……直到你下班為止。如果你只做完第五件事，那不要緊。你總是做著最重要的事情。」艾維．李回答道。

查爾斯．施瓦布想了想，疑惑的問艾維．李：「我只要這樣就可以了嗎？」「不不！並非如此，你每一天都要這樣做，你對這種方法的價值深信不疑之後，叫你公司的人也這樣做。等你解決問題之後，再寄支票來給我，你認為值多少錢就給我多少錢。」

幾個星期之後，施瓦布向艾維．李寄去一張兩萬五千元的支票，並說艾維．李提供的方法已經成為公司一項不成文的制度。

五年之後，這個當年不為人知的小小鋼鐵廠賺了很多錢，一躍成為世界上最大的獨立鋼鐵廠，在重工業方面站穩了腳步。

可見，時間管理是一門很深的學問，沒有良好的時間管理，就不會有效率的產生。一流的時間管理一定是在最有效的時間裡，做最有效的事情。這樣，你把時間管理運用到企業管理中，你就一定會收到意想不到的效果。

⑨ 要勇於擔當責任並善於分享成功

卓有成效的領導者為部下所犯的錯誤主動承擔責任。

杜拉克箴言

杜拉克認為，管理者一定要勇於擔當責任。犯錯和失職並不可怕，可怕的是否認和掩飾錯誤。勇於承擔責任的管理者，會讓員工覺得他是一位心胸坦蕩、有責任心的人。因為責任而樹立起的威信更能讓員工信服，從而贏得員工的尊重和支持，否認和掩飾只會讓管理者失去員工的信任。

波音公司自一九一六年成立以來，經過幾十年的經營，終於從一個僅有四百五十美元有形資產的小企業發展成一個擁有近四百億美元資產、年利潤十幾億美元的超大型企業。在世界五百大企業中，波音公司連年排名前五十，已經成為航空航太業當之無愧的霸主。

波音公司的成功在於品質、在於服務、在於管理，在於有一支重品質、重服務、重管理的團隊，而亞瑟就是這支團隊中的一員。

亞瑟在擔任波音公司交機中心經理時，總是兢兢業業、認真負責。交機中心有一項非

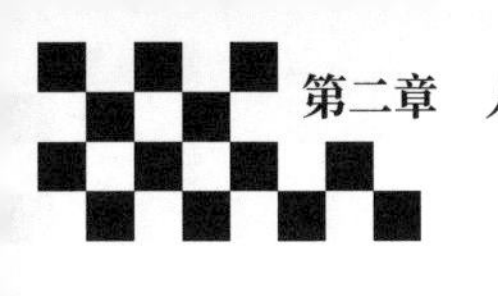

常重要的任務，就是交機前要將飛機全部噴漆一番，同時，每隔五年，要免費為客戶重漆一次。然而，有一段時間，噴漆組的工人們總是不能按時完成任務，有時趕得匆匆忙忙，又影響了噴漆效果。於是，許多客戶開始抱怨，一時之間輿論一片譁然。作為交機中心的經理亞瑟豈能不急，然而他並沒有氣急敗壞的把所有責任都推到噴漆工人身上，而是勇敢的承擔起了工作失誤的責任，並積極加以改進。他一邊與客戶溝通、緩和矛盾，一邊改進工作、提高品質。

事後，亞瑟心平氣和的找來噴漆組的工人，開了個會。會上，亞瑟並沒有過多指責他們，只是建議大家仔細分析原因。有工人說，噴漆機棚本身的環境已被油漆汙染，故而影響噴漆品質；有工人說，噴漆工具老舊，影響噴漆速度和效果。亞瑟聽了覺得很有道理，於是立即向公司申請了一筆資金，將噴漆棚清洗乾淨，並換上了全新的噴漆工具。

果然，在煥然一新的工作環境下，工人們個個都顯得興奮異常，幹勁十足。環境的改善和工具的改進，使得噴漆品質和速度大大提高。從此以後，交機中心再也沒有發生因噴漆品質而引發客戶不滿的事件。

管理者在獲得各種榮譽之後，以各種形式讓下屬分享榮譽及榮譽帶來的喜悅，會使下屬得到實現自身價值和受到領導者器重的滿足。

美國著名的橄欖球教練保羅·貝爾，在談到他的隊伍如何能夠獲得一個又一個的勝利時，說道：「如果有什麼事辦糟了，那一定是我做的；如果有什麼差強人意的事，那是我們一起做的；如果有什麼事做得很好，那麼一定是球員做的。這就是使球員為你贏得比賽的所有祕訣。」

這是一種很高的個人修養，這種與下屬共享榮譽的精神鼓勵了球隊的每一個人，既然能做到這一點，球隊的每戰必勝也就是情理之中的事了。正如《菜根譚》中所說：完名讓人全身遠害，歸咎於己韜光養德。

在企業中，管理者也需要有這種與員工共享榮譽的精神，和勇於為下屬承擔責任的勇氣。管理者被授權經營管理，無論是獲得成功，還是遭到失敗，都負有不可推卸的責任。即使員工失誤了，也有管理者的失職、指揮不當、培訓不夠的責任。榮譽對你當之無愧，但是通向榮譽的路途是離不開團隊的協作、配合的。所以，與下屬共享榮譽是一個成功的管理者所應該做的。

共享榮譽，也就是說，管理者在獲得各種榮譽之後，如果不「貪汙」，以各種形式讓下屬分享榮譽及榮譽帶來的喜悅，會使下屬得到實現自身價值和受到領導者器重的滿足，這種滿足在以後的工作中會釋放出更多的能量，也在無形之中沖淡了人們普遍存在的對受表彰者的

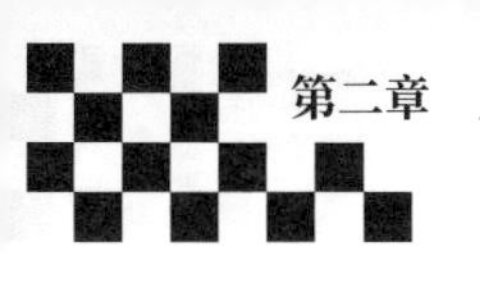

嫉妒心理。

例如，不少主管在拿到上級的獎金後，邀請做出貢獻的中層幹部、主要員工到餐廳去大吃一頓，實際上就是在共享榮譽，這是物質的，更是精神的。一位獲得了老闆表揚的總經理在全公司大會上講話，他不是冷冷的說「成績是歸於大家的」這一類客套話，而是頗有感情的把工作中有突出貢獻的員工和事件，一件件列了出來，連一位員工在休假中上班的事也提到了。最後，他又說榮譽是屬於全體員工的，沒有他們的努力，就沒有今天，並向大家表示了深深的敬意和感謝。可以肯定的說，他的話對員工產生了強大的激勵作用。

試想，如果這位總經理將光環緊緊的罩在自己的頭上，將一切成績歸於己有，那樣不但容易樹立敵人，而且也會挫傷員工繼續努力的積極性。

與下屬共享榮譽，而不是爭功論賞、將好處盡撈在自己手裡，只有這樣的管理者才可以用人格力量感召下屬，鞭策和激勵他們，讓他們盡可能發揮出自己的才智，促進事業的發展。

企業的成長需要員工分享。讓企業員工分享企業成長的快樂，是企業具有競爭力的基礎。世界上成功的企業莫不如此。

位居世界五百大榜首的沃爾瑪，是從一家小雜貨店開始創業成長歷程的。為了使員工能與企業共同成長，在沃爾瑪的術語中，公司員工甚至不被稱為員工，而被稱為「合夥人」。

這一概念具體化的政策表現為三個互相補充的計畫：利潤分享計畫、員工認股計畫和損耗獎勵計畫。一九七一年，沃爾瑪實施了一項由全體員工參與的利潤分享計畫：每個在沃爾瑪工作兩年以上，並且每年工作一千小時的員工，都有資格分享公司當年的利潤。截至一九九〇年代，利潤分享計畫總額已經約有十八億美元。此項計畫使員工的工作熱情空前高漲。之後，沃爾瑪又推出了員工認股計畫，讓員工透過薪資扣除的方式，以低於市值百分之十五的價格購買股票。這樣，員工利益與公司利益休戚相關，實現了真正意義上的「合夥」。

沃爾瑪公司還推行了許多獎金計畫，最為成功的就是損耗獎勵計畫。如果某家商店能夠將損耗維持在公司的既定目標之內，該店每個員工均可獲得獎金，最多可達兩百美元。這一計畫理想的展現了合夥原則，也大大降低了公司的損耗率，節約了經營開銷。

在沃爾瑪，管理人員和員工之間也是良好的合夥關係。公司經理人員的鈕扣上刻著「我們關心我們的員工」字樣；管理者必須親切對待員工，必須尊重和讚賞他們，對他們關心，認真傾聽他們的意見，真誠的幫助他們成長和發展。總之，合夥關係在沃爾瑪公司內部處處展現出來，它使沃爾瑪凝聚為一個整體。

一個只講物質利益不講使命的企業，肯定走不遠；但一個只講奉獻不講物質利益的企業，在現實生活中也生存不下去。企業的誕生，是源於人類為了創造更多的物質價值、創造更美好的生活這個目的。所以，從投資者創辦企業的角度說，是透過獲利實現利益；從員工的角度說，是透過付出勞力、智力，換取報酬。一個不能獲利的企業，沒有存在的價值；一個不能給予員工物質回報的企業，誰還願意為公司付出勞力和智力？

分享是最好的學習態度，也是最好的管理方式。管理者就是要在工作當中不斷的和員工分享知識、分享經驗、分享目標、分享一切值得分享的東西。透過分享，管理者能不斷完整的傳達自己的理念，表達自己的想法，更能不斷形成個人的影響力，而用影響力和威信管理員工，使員工心情舒暢的工作，做更多的工作，效率更高。同時，透過分享，管理者也能不斷從員工那裡汲取更多有用的東西，形成管理者與員工之間的互動，互相學習，互相進步。

第三章
沒有規劃的企業沒有未來——策略管理

一個沒有為自己制定策略規劃的企業是不會長久存在的，它也許能盛極一時，但終究難逃失敗的厄運。

——彼得．杜拉克

策略不是預測

杜拉克箴言

如果我們一味的預測未來，那只能使我們對目前正在做的事情懷疑。策略規劃之所以重要，正因為我們對未來不能準確的預測。

為什麼說策略不是預測？杜拉克給出兩個理由：其一，未來是不可預測的。每個人都可以看一看當前的報紙，就會發現報紙上所報導的任何一個事件，都不是十年前所能預測到的。策略規劃之所以需要，正因為未來不能被預測。其二，預測是試圖找出事物發展的最可能途徑，或至少是一個機率範圍。但是企業的發展往往是獨特事件，它將不在預設的路徑或機率範圍之內。預測往往並沒有什麼作用。

杜拉克認為，策略決策者所面臨的問題不是他的組織明天應該做什麼，而是「我們今天必須為明天來做哪些準備？」問題不是未來將會發生什麼，而是「我們如何運用所了解的資訊在目前做出一個合理的決策？」策略規劃並不涉及未來的決策，所涉及的是目前決策的未來性。決策只存在於目前。

決策為未來的發展做好準備，這就需要決策管理者具有超前意識。超前意識是一種以將來可能出現的狀況，對現實進行彈性調整的意識。它可以對前景進行預測性思考，可以使我們調整現實事物的發展方向，從而幫助我們制定正確的計畫和目標，並實施正確的決策。

未來總會到來，又總會與今天不同。如果不著眼於未來，企業就會遇到麻煩。哪怕是最大的和最富有的公司，也難以承受這種危險，即使是最小的企業也應警惕這種危險。

卓有成效的決策者都能弄明白所要解決問題的性質，對於更多的決策者而言，決策是為了什麼則更具有啟發價值。很多人認為決策就是為了賺錢，這似乎並沒有問題，然而這種意識最容易產生投機行為，即什麼賺錢做什麼。在一個市場發育完整、經濟活動相對理性的環境中，這種行為會被澈底的打敗。當代的管理者和經理人必須明白，我們已經告別了短缺經濟時代，任何一個市場都存在很大的風險，謹慎決策至關重要。

由於市場同質化、產品趨同化越來越明顯，決策者面對未來，會充滿各式各樣的迷惑，決策者必須對市場的不確定性做出回應。這就要求決策者明確決策的目的，明確了目的就明確了決策需要實現什麼、需要滿足什麼。

一九八四年，本田技術研究所曾面臨倒閉的危機，本田投下鉅資增加設備，原本受歡迎的產品銷路卻大減。種種困難，使本田公司難以負荷。在這種情況下，本田卻宣布要參加國

際摩托車賽，要製造第一流的摩托車，爭取拿世界冠軍。

這個決策在當時業內人士看來，簡直是一個天大的玩笑。但是本田的負責人有著清晰的目標，他期望這種決策能夠為未來稱霸全球摩托市場贏得先機。

這個決策宣布後，激發了本田員工的奮進之心。本田負責人以身作則，為了研究開發技術，改良摩托車性能，不分晝夜，取消假日，每天都到公司努力工作。他的敬業精神感動了員工，員工們個個精神抖擻，忘我工作，終於如期製造出第一流的摩托車參賽，獲得了傲人的戰績，本田公司也因此一舉成名。

作為管理者，如果是不懂技術、不了解創新產品性質和特點的非專業人士，往往以短期投機為目的，他們總是想賺一把就走，結果導致決策的隨意和混亂。他們所造成的一幕幕巨人崛起和隕落的悲喜劇，值得決策者警惕和反思。如果公司要成為一個有競爭力的長壽公司，就不能僅僅依靠決策者的個人判斷，而需要建立一種決策最佳化的機制。因為一個不懂得有效決策的決策者，就不是一個卓有成效的管理者。

②策略規劃要有憂患意識

杜拉克箴言

如果不著眼於未來，最強而有力的公司也會遇到麻煩。

杜拉克認為，明天終歸要來，並且一定與今天不同。到那個時候，即使是最強大的公司，如果沒有為迎接未來做好充分的準備，也一定會遭遇發展困境，甚至會喪失自己的個性和領導地位——遺留下來的不過是維護大公司運轉的高昂開銷。對於正在發生的一切，企業無法控制也無法理解。

因此，管理者的憂患意識，在當今市場條件下尤為可貴。

百事可樂公司作為世界飲料產業的龍頭企業，可謂春風得意，每年有幾百億的營業額，幾十億的淨收益。但是，展望公司的未來發展前景，公司的管理者們看到汽水市場會趨於不景氣，競爭也會更加激烈。為避免被市場打敗的命運，他們認為應該讓自己的員工們懂得公司在時刻面臨著危機。但百事公司一路凱歌高奏，讓員工相信危機，這回事談何容易？

公司總裁決定要製造一種危機感。他找到了公司的銷售部經理，重新設定了一項工作方法，將以前的工作任務大大提高，要求員工的銷售額比上年成長百分之十五。他向員工們強

調，這是經過客觀的市場調查後做出的調整，因為市場調查表明，不能達到這個成長率，公司的經營就會失敗。這種人為製造出來的危機感，馬上化為了百事公司員工的奮鬥動力，使公司永遠都處於一種緊張有序的競爭狀態中。正是這些，保證了百事公司能永遠欣欣向榮的走向未來。

隨著全球經濟競爭的發展，世界著名的大企業面對的挑戰越來越激烈。要是沉醉於自己的優勢地位，就有可能遭到淘汰。為改變這種狀況，各國企業都較為重視推行「危機式」生產管理。百事公司只是其中的一例。

企業經營者和所有員工面對著市場和競爭，都要充滿危機感，不要陶醉在一度的「卓越」裡。今天的成功並不意味著明天的成功，企業最輝煌的時候往往是沒落的開始。

美國管理大師約翰·科特說：「沒有危機意識和憂患意識的商人，不是一個卓越的商人。」商人最危險的意識，就是認為在完全勝任的領域可以放鬆一下。

比如，公司在同行業或當地地區占有百分之四十的市場占比，而最強的競爭對手只占百分之十。這時，人的本性會使你因競爭差距大而感到自滿，並且輕視任何一個勇於向你的領先地位發起挑戰的「暴發戶」。但往往正是這些不值一提的競爭者就可以把你毀掉。

奧爾頓·班森的故事很能說明這個道理。

奧爾頓·班森是美國業餘高爾夫球頂尖高手之一。他曾經參加過一場美國業餘錦標賽，對手是一個十五歲的男孩，男孩被父母和鄰居們簇擁著。比賽中，當班森領先男孩四桿時，男孩竟在眾目睽睽之下放聲大哭。班森感到他讓男孩在父母面前丟臉而非常內疚。因此接下來的比賽他打得很糟，最終輸給了男孩。班森向他的教練、一個著名的職業高爾夫球選手描述了這件事。職業高爾夫球選手說：「你不應為男孩的哭聲所動，在賽場上，你只能想到讓對手沒有任何喘息的機會，並且打翻他，擊敗他。」

所以，企業在競爭中處於領先地位時不應放鬆。對於一個不能居安思危的商人來說，真正的危機來得比他想像得快。任何公司都有一種危險的傾向：經營順利時便洋洋自得，成功好像是理所當然的。還有一種更危險的傾向：有些人固執的反對任何形式的改變，他們堅信「水來土掩」的信條。順境時他們很難想像逆境是什麼樣子，會以為現在的成功不會結束，或他們可以不斷的重複成功。其實，他們沒有認知到，領先地位總有要改變的時候。

這種「成功會帶來成功」的錯誤推理忽略了一個關鍵因素：競爭對手。他們會打斷你的好夢，並且辦法很多。比如：其一，提高產品品質，削減你的市場占比；其二，降低產品價格，減少你的利潤額；其三，發明新的產品，把你擠出市場等等。因此，當你正設計不受外界干擾的穩定成長曲線時，肯定有人在想方設法抹去它或替代它。

在競技場上，今天勝利而明天就可能落敗。所以，作為企業管理者，應不斷的提醒自己「計畫趕不上變化」，督促自己遠離「成功導致成功」的錯誤想法。

③把主要精力放在自己的優勢上

杜拉克箴言

作為企業管理者，在商業競爭中，應該把主要精力放在自己的優勢上，而不是花費精力來補自己的短處。

杜拉克認為，作為企業管理者，在商業競爭中，應該把主要精力放在自己的優勢上，而不是花費精力來補自己的短處。對於企業不太擅長的領域，盡量避免花費力氣，因為要從「不太勝任」進步到「馬馬虎虎」，其中所花費的力氣和工夫，要遠多於從「一流表現」提升到「卓越優秀」。

在這方面，傑克·威爾許的「數一數二」理念充分的印證了這一推論。有趣的是，威爾許的「數一數二」策略，正是在杜拉克的啟發下形成的。

一九八〇年代中後期，由於美國政府的高利率以及財政赤字政策，全球經濟成長速度放慢。但是，隨著技術加速進步、市場急劇變化，競爭變得更加嚴峻。在那種環境下，勝敗立現。對企業來說，沒有足夠的實力，就沒有機會生存下去。

奇異公司當時面臨著嚴峻的競爭壓力。一方面，日本企業的產品大量進入美國，奇異公司的市場占比大為減少，利潤下降；另一方面，奇異公司是推行多元化策略的企業，很多領域，奇異公司已經不具備優勢。威爾許接任奇異公司 CEO 的時候，透過雷吉納·瓊斯的介紹，威爾許和杜拉克見了面。杜拉克問道：「如果你當初不在這家企業，那麼今天你是否還願意加入？」言外之意，奇異公司雖然還是美國排名第十的大公司，但它已經面臨著來自全球，特別是日本的競爭壓力，利潤已經開始萎縮，一些業務處於疲弱不堪的狀態。杜拉克接著問道：「那麼你打算對這家企業採取什麼措施？」問題十分簡單，也非常深刻，發人深省。

在杜拉克一系列嚴峻問題的啟發下，威爾許了解到，必須發現並把握奇異公司的優勢，並且不斷的完善奇異的優勢。於是，他「數一數二」的理念得以清晰化、明朗化，也就是說，奇異公司如果要成為世界上最強大的企業，就要使所從事的業務在各自的市場上成為第一或者第二。對於無法做到這樣的業務，或者關閉，或者出售。

很顯然，透過杜拉克的啟發，威爾許馬上意識到，對於面臨嚴重危機的奇異公司而言，

必須充分發揮自身優勢，必須在自己有優勢的業務中做第一或第二，不把精力和努力放在那些沒有優勢的業務上。不難看出，威爾許將發現自我優勢的那種思維方式轉移到了「數一數二」策略上，並且迅速整合了奇異公司，使奇異公司很快擺脫了困境，走向了成功。

數學家阿基米德曾經說過：「給我一個支點，我就能舉起地球。」對於企業而言，撬動市場的支點是什麼？就是找到自己的優勢，找到自己最擅長的工作領域，充分發揮自己的長處，這樣才能將市場翻動起來，將企業的利潤滾動起來。

企業了解自己的方法不在企業內部，而在企業之外。管理學大師杜拉克說，企業應該不停的調查顧客：在我們為您提供的服務中，有哪些是其他企業所沒有的？雖然並不是所有的顧客都知道答案，而且他們的答案也可能讓人摸不著頭腦，但這些答案會暗示我們該從哪個方向尋找答案。

柯達公司在彩色感光技術上的成就無人能比。很多觀察家認為其成功的關鍵是重視新產品研發，而新產品研發成功就取決於該公司採取的反覆市場調查方式。

以碟式相機問世之前的市場調查為例。首先由市場調查部門匯總顧客意見，這些意見包括大多數使用者認為最理想的照相機是怎樣的，重量和尺寸多大最適合，什麼樣的底片最便於安裝使用等等。市場調查部門將這些資訊回饋給設計部門，設計部門據此設計出理想的相機模型，再交給生產部門對照設備能力、零件配套、生產成本和技術能力等因素考慮是否投產。如果不行，就要退出重訂和修改。如此反覆，直到造出樣品機。

樣品機出來後開始進行多次市場調查，以此來澈底弄清楚樣品機和消費者期望之間的差距，根據消費者的回饋，對樣品機加以改進，直至大多數消費者認可為止。新產品生產出來後，再交給市場開發部門進一步調查：新產品有何優缺點，適合哪些人用，市場潛在銷售量有多大，定什麼樣的價格才能符合多數家庭購買力。待諸如此類的問題調查清楚後，正式打出柯達品牌投產，因為經過反覆調查，碟式相機推向市場便大受歡迎。相反的，某啤酒企業向美國出口小瓶啤酒。該啤酒原料和工藝是一流的，酒色清亮，泡沫細密純淨，喝到嘴裡更是醇香可口，跟各國啤酒相比，一點也不遜色。令人奇怪的是，這種啤酒運到美國以後，一點也不受歡迎，嚴重滯銷。

公司的老闆很著急，高薪聘請了一家市場調查公司分析。分析結果顯示，問題出在了啤酒的包裝上。美國人崇尚個性，喜歡自由，而這家公司在瓶身上印刷的廣告語卻是「人人都愛喝的啤酒」——正因為人人都愛喝，所以講求個性的美國人都不願意選擇。同時，酒瓶的品質很差，顏色黯淡，看上去品質很不理想。

公司老闆根據調查公司的建議，將廣告語換成「喝不喝，隨你」，期望這句個性十足的

廣告語引起啤酒愛好者的關注；與此同時，採用具有五種色彩、顏色鮮亮的瓶子。三個月之後，該公司向美國的出口量已經由每月十萬箱成長到六十萬箱。顯然，包裝的變化，使其獲得了成功。

市場調查的對象是顧客，而企業的利潤全部由他們支付——任何顧客都是挑剔的，他們一定會在多種選擇中購買他們認為最好的產品。市場調查的根本目的，就是找到消費者對產品的期望和評判標準，企業根據這些資訊進行產品設計和推廣，從而在市場競爭中甩開對手，成為顧客的第一選擇。

市場調查不是形式，是企業保持正確航道發展，尋找企業核心能力和優勢的重要方法。企業管理者不要輕易、自大的認為企業的優勢是什麼，而應該讓顧客來說出企業的優勢是什麼。最了解企業優勢和長處的人不在企業內部，而是消費者。企業要想找到銳利的進攻之矛，就需要和消費者密切接觸，從消費者口中得出自身的突出優勢到底是什麼。

④為未來的變化做好準備

杜拉克箴言

管理者所面臨的問題不是企業明天應該做什麼，而是「今天必須為未來做哪些準備工作」。

杜拉克認為，未來的事物都是不可預料的。對於管理者而言，他們更重要的工作不是預測未來的變化，而是要把握住已經發生了的變化，並採用一套系統性的策略來觀察並分析這些變化。這樣，才能在制定策略決策的時候看得更高更遠，避免出現鼠目寸光的局面。

優秀的管理者不會把眼光停留在昨天，和已經發生的事實上，他們會投入更多關注預示未來變化的細節，以便把握企業發展。只要我們認真觀察企業的明天，就會發現其實在企業的周圍，到處都有贏得更大成功的商機。

杜拉克說，如果企業不為未來做準備，就要為出局做準備。管理者做決策時如果僅僅是為了眼前利益或一時之局，而對未來發展缺少必要的考慮，企業將付出昂貴的代價，輕則發展遲緩，重則面臨倒閉風險。因此，管理者一定要注意決策的前瞻性，在今天與未來之間搭

好橋梁，避免到時措手不及。

有目的的放棄是一種策略規劃

杜拉克箴言

企業的任務是創造財富。

杜拉克認為，有計畫、有目的的放棄陳舊和無回報的東西，正是成功的追求新的和有高度希望的東西的前提。首先，放棄是通向創新的關鍵——既是因為它釋放了必要的資源，又是因為它刺激了對將要代替陳舊事物的新生事物的追求。因此，推進與放棄這兩個領域是相輔相成的，應該得到同等優先。

對於企業來說，需要推進的優先事項是很容易辨識的。應該推進的領域是那些如果獲得成功，其成果將數倍於成本的領域。舉例來說，應該得到優先的典型的成果區域有：明日的獲利產品、被冷落的產品、為未來代替今日的獲利產品所需做出的開發努力、重要的新知識和新行銷管道等。

對一般企業來說，向高潛力領域提供資源是很少會供給過頭的。因此，重要的不是分配給這種區域的預算是否過大了，而是要獲得成果，預算是否同時，要放棄的項目一般也是相當明顯的。包括滿足管理者虛榮心的投資、不合理的特色產品、不必要的支援活動以及不須做出大的努力就可以消除的浪費等。昨日的獲利產品是一個比較特殊的放棄項目，因為它正在為企業帶來正的利益，但是在不久的將來，可能會成為引進明日的獲利產品並獲得成功的障礙。因此企業應當主動的將其慢慢放棄，而不要等到它已經成為失敗產品時再進行被動決策，這時企業可能已經蒙受了非常大的損失。

但對於企業來說，即使是能夠辨識這些放棄的項目，每一項放棄的建議都會遭到反對。反對者會提出各式各樣的藉口來挽救這些應當放棄的項目，在很多情況下，他們會說：「我們必須發展，我們容不得萎縮。」但實質上這是對發展的一種誤解，發展畢竟是成功的結果，是提供市場所需、所購和所支付的產品的結果，是有效的利用經濟資源的結果，是賺取企業擴展和應付未來的風險所需的利潤的結果。

處於擴張經濟中的一個企業管理層，需要有發展的意識。但是，發展意味著利用機會，而不是盲目的擴大規模，這種規模是不可靠的，而且是非常危險的。只要企業集中於做正確的事情，規模的擴大只是指日可待之事。

核心競爭力之於企業，猶如心臟之於人，非常重要，是決定企業生死的關鍵。一個人如果具有強於別人的核心優勢，他就可以做到出類拔萃，企業也是如此。企業要在同行業中居於龍頭地位，就要具備同行業其他企業根本無法仿效，或是遠不能及的優勢。

太陽的能量比一束雷射不知大多少倍，卻不能穿透一張紙，而雷射卻可以穿透很厚的鋼板，這就是專注、聚焦的作用。是故，專注經營能讓原本弱小的新生企業站穩腳跟，讓原本不是十分強大的企業突破「瓶頸」，穩步發展。

核心業務是企業保持核心競爭力的根本。如果脫離了，我們要想生存和發展下去是很難的；即使能獲得一些成績，那也肯定不是自己所能獲得的最大成就。因此，選擇自己最適應和最擅長的領域發展自我，是明智之舉。只有這樣，企業才能將優勢內化，從而以氣馭力、以柔克剛。

在每一個企業中都存在著眾多的既非明顯值得大力發展，但又非明顯應該放棄的候選產品、服務、活動和努力，即大量的需要人們去考慮的構成第三種類型的「中間者」。最典型的「中間者」是今日的獲利產品，該類產品作為企業的淨利潤有著最大的利潤，但卻又不代表未來的發展方向。杜拉克認為，對「中間者」的主要控制規則是它們絕不可吸取用於高機會領域的資源。

只有在高機會領域已經得到它們需要的一切支援後仍有資源多餘，才應該考慮「中間者」。已經指定給「中間者」的高級資源，只有當它們在高機會的任務中不能做出更大的貢獻的情況下，才應保留給「中間者」。杜拉克認為，以下三種情況，應當採取的措施是直截了當的放棄。

第一種情況，如果一個產品、服務、市場或者流程，仍然有幾年的好日子可以過，那麼就應該放棄。這些奄奄一息的產品、服務或者流程，常常要耗費最多的心力和最大的努力，並且牽絆了生產效率最高、最能幹的人。而且我們常常高估了這些舊產品、舊服務和舊流程的壽命。通常它們已經不僅僅是行將就木，而是已經壽終正寢。

第二種情況，如果一個產品、服務、市場或者流程唯一留存的理由，只是因為在會計帳上已經完全註銷了，而不必再計算了，那麼就應該將它放棄。從管理的角度而言，沒有不花錢的成本，只有沉沒的成本。不應該問這些資產曾經花了我們多少錢，而應該問現在能產生什麼。資產看起來不花錢，只是因為在會計帳上註銷了，沒有花錢的形式。但實質上維護行將就木的資產的費用更高。

第三種情況，也是最重要的放棄的理由，即為了保存而保有舊有的產品、服務、市場或者流程，而新的成長的服務或流程卻被忽視或者受到阻礙。

關於要放棄什麼和如何放棄，必須有系統的進行。不然它們永遠會被擱置下來，因為它們從來不是受歡迎的政策。

⑥企業一定要有自己的成長策略

杜拉克箴言

「成長」應是一項必要的企業目標。

每一個企業都希望成長。但是杜拉克發現，只有很少部分的企業制定了成長策略。雖然也有很多企業表面上是在成長，但只是得了肥胖病而已。他認為，作為一個企業，必須制定自己的成長策略，具體工作需要有以下三個步驟：

（一）確知成長目標

一個企業固然必須擁有與其市場、經濟和技術水準相符的相當規模，而相當的規模才能利用生產資源獲得最佳化的產出。但是，如果企業在其市場上的收益僅與成本相抵，那麼不管它是大還是小，都不屬於適合的規模；不管它的規模多大，都不能擁有理想的利潤率。而且，它總是隨著每一次商業週期的變化而遠遠的落在後面。

所以，有關成長政策要說的第一個問題，不是「我們想要多大的成長」，而應是「我們需要多大的成長，才能使我們不至於收入僅夠支出」。要找到這個答案並不容易。這決定於企業管理層如何確定企業的市場，還決定於企業的產業結構。

一個企業必須知道它的最低限度的成長目標，否則它就談不上有成長政策。

（二）制定成長策略的三個具體步驟

①制定成長策略的第一個步驟，不是要決定在何處、用何種方法成長，而是要決定應該拋棄什麼。為了成長，企業必須有一套系統性的政策去停止生產那些生產過度、已經過時並且無生產率可言的產品。成長策略的基礎是利用資源為新的機會服務。這就要求把資源從那些不再可能獲得成果或生產回報，正在快速減少的領域、產品、服務、市場和技術中抽出來。

成長來自於對機會的利用。如果把生產資源，特別是奇缺的從事操作的人力資源投入到使昨日的產品再延長一點壽命，投入到維護那些過時的產品，以及投入到為無市場效果的產品而尋找藉口，和為該有效益但卻實際並無效益的產品辯護上，那麼人們就沒有希望利用機會。

②制定成長策略的第二個步驟是要求集中。成長策略中最大而且最常見的錯誤是：企圖在過多的領域裡成長。成長策略必須以機會為中心，即那些極可能使某個公司的力量創造突出成果的領域。所以，首先要看一看市場、經濟、人口、社會和技術，以便確定最可能發生的變化及其方向。

③制定成長策略的最後一個步驟，是仔細考慮企業的具體實力，認知到顧客因為我們的什麼服務而願意掏錢給我們的企業，然後把這些因素集中到預估的變化中，以便決定一個企業以什麼為最優先的機會。不要把「機會」看成是在企業外面發生的事情。機會是某個具體企業使之發生的事情——它意味著一個企業的獨特優越性必須與市場、經濟、人口、社會、技術和價值各方面所發生的變化相一致。

(三) 區分健康成長、肥胖和癌症

成長策略沒能區別健康成長、肥胖和癌腫。這三者都是「長大」，但後兩者絕非可取。產品數量本身並不代表成長。它首先要根據通貨膨脹情況做調整，然後還要對其品質進行分析。純屬產品數量的成長根本就不是「成長」。只有據所有有效的生產性資源，如資本、重要物質資源、時間和人力創造出更高的整體生產力的時候，較大的產品數量才是健康的。

如果成長既沒有改善，又沒有降低各種資源的生產率，那麼它就屬肥胖。這時就需要認真觀察它。短期內支持那種並不造成生產率成長的產品數量，通常是必需的。但如果二至三年後，增加的產品數量依然只是產品數量，而未改善生產率的話，那麼就應當把它作為肥胖，就必須除去，以防其成為整個生產系統的累贅。而且那種造成一個公司的整個生產率下降的成長，除非是在重新啟動時期的最短一個部分；否則就應該把它看作為早期癌症，盡快實施根治療法將其切除。

⑦ 利用趨勢才可能成功

杜拉克箴言

善於利用結構性趨勢的人很容易獲得成功。如果想要對抗趨勢，不僅極其困難，也是毫無前途的。

杜拉克認為，在大多數產業中都可以看到結構性趨勢的變化。結構性趨勢在短期內對行業的影響微乎其微，但它遠遠要比短期性波動重要得多。然而令人遺憾的是，很多經濟學家、政治家和管理者的所有注意力，都放在短期波動上。事實上，誰利用結構性趨勢，誰幾乎就能必然獲得成功。

歷史上一共經歷了三次革命，農業革命、產業革命，以及目前正在進行的資訊革命。日本軟體銀行集團創始人孫正義始終認為，在資訊化社會的第三階段，由提供數位化資訊技術的微軟、英特爾、思科、甲骨文等國際知名企業是毋庸置疑的主角。但是，只有資訊化社會的第四階段來臨，提供數位化資訊服務的網路公司躍出檯面，革命才算是真正成功。那時資訊產業的成長幅度也會比現在的個人電腦產業大得多。這是孫正義堅定的「未來趨勢判斷」。

孫正義的夢想是：「當資訊化社會進入第四階段，我希望軟體銀行能夠名列世界前十大企業。老實講，我的志向是成為第一，在我心目中只有第一，沒有第二。」為實現這個目標，孫正義做了規模宏大的部署。他用別人覺得瘋狂的方法，從一九九四年到二〇〇〇年，投資六百多家 IT 公司。每當孫正義看到有前途的公司時，他就猛撲過去。其中對雅虎的豪賭讓孫正義一戰成名。孫正義的雅虎股票每股投資成本約二點五美元，市場價則衝高到兩百五十美元，升值整整一百倍。到二〇〇〇年，軟銀已成為國際網路業的最大股東。二〇〇〇年初，軟銀股價比發行價升值九十倍，孫正義身價達到最高點——七百億美元。

在日本，最大的線上遊戲公司、最大的入口網站、最大的電子交易網站、最大的網路拍賣服務，都是孫正義的公司，他曾自豪的說道：「在日本，我們就等於雅虎加 Google 加 eBay。」孫正義認為，從撥號到寬頻，不過是網路革命性改變的第一階段，接下來，手機寬頻上網將會是下一個主流。現在，全世界一年賣出兩億台個人電腦，手機的銷量是電腦的五倍，手機上網時代的到來是大勢所趨。為了在手機寬頻上網領域成為下一個 NO.1，二〇〇七年軟銀為此投入一百五十五億美元。拿到手機上網主導權後，孫正義將要採掘下一個金礦：手機線上購物。孫正義說：「這個大趨勢剛剛開始。」

孫正義順應商業發展潮流而占據鰲頭。當結構性變化出現時，一如既往的人面臨被淘汰的危險，而迅速改變的人將迎來機會。對於任何企業來說，對抗大勢必然會失敗。杜拉克說，在短期內與趨勢抗爭非常困難，而且長期與趨勢抗爭幾乎是毫無希望。企業管理者應該時刻審視並努力把握未來發展趨勢，以順勢而贏得未來，絕不能因對抗形勢而處於被動。

其實對一個管理者來說也一樣，當大潮變化時，要有高瞻遠矚的目光，能夠順應潮流，及時調整企業的發展方向。只有選對了方向，才能把事做對，把事做成。這就需要管理者首先要了解歷史的發展規律，經營企業也好，做事情也罷，當你違背了歷史發展規律，就會受到歷史規律的懲罰。

其次，我們必須了解自己所處的環境。當我們不能腳踏實地從實際出發時，一切理想和願望，只能是轟轟烈烈的口號而已。這些口號，最初也許會發揮振奮士氣的作用，但當它們沒有依據可以實現的時候，員工就會失去前進的信心。

另外，我們必須有順應現實和發展的勇氣。每一次變革來臨的時候，管理者都有可能失去一些原來的東西，這可能會讓我們感覺痛苦，但如果保住它們就會阻礙發展。在這種時候，一個有遠見、能用發展的眼光看待問題的管理者，必然會順勢而為，懂得該捨棄的時候一定要果斷的捨棄。

8 掌握趨勢，確保決策的前瞻性

杜拉克箴言

管理者經常問：作為決策依據的前提條件是否已經「過時」？

杜拉克認為，企業要想贏得當前的市場，就需要管理者具有全新的思維框架。因為一個企業的建立，首先是思維模式的建立。企業家首先要看清潮流，超前思考，掌握發展趨勢，確保自己決策的前瞻性。這樣企業的發展策略才能夠持久和有效的發揮作用。

二十幾年前，諾基亞還是一家瀕臨倒閉的地方性小公司，之所以現在會一躍成為著名的行動電話生產商，其中一個成功的祕訣，就是企業管理者很早的看到了手機市場的發展前景。他們預料，世界行動電話的需求量會在不久的將來進入高速成長期。因此，在確定以手機生產為發展策略後，諾基亞把手機之外的所有業務或剝離、或出售，甚至忍痛砍掉了身為歐洲最大電視機生產廠商之一的電視生產業務。諾基亞領導者們審時度勢的超前意識、高瞻遠矚的眼光，使他們最早占領了手機市場並贏得了市場。

毫無疑問，一個企業生產什麼，怎麼生產並不重要，重要的是憑什麼要這樣生產。一個具備前提性思維的管理者，時刻都會反思企業行動的依據，從而不斷的認識自己、提升自己。「二戰」時期，美國有家規模不大的縫紉機工廠，由於「二戰」影響，生意非常蕭條。工廠主人巴特看到戰時除了軍火生意外，百業凋零，但是軍火生意卻與自己無緣。於是，他把目光轉向未來市場，一番思索後他告訴兒子班傑明：「我們的縫紉機廠需要轉型改行。」班傑明好奇的問他：「改成什麼？」巴特說：「改成生產身心障礙者使用的小輪椅。」儘管兒子當時很不理解，不過班傑明還是遵照父親的意思進行了。一番設備改造後，工廠生產的一批批輪椅問世了。

正如巴特所預想的，很多在戰爭中受傷致殘的人都紛紛前來購買輪椅。工廠生產的產品不但在美國本土熱銷，連許多外國人也來購買。班傑明看到工廠生產規模不斷擴大，實力也越來越強，非常高興。但是在滿心歡喜之餘，他不禁又向巴特請教：「戰爭馬上就要結束了，如果繼續大量生產輪椅，其需求量可能已經很少了。那麼未來的幾十年裡，市場又會有什麼

需求呢？」

巴特胸有成竹的笑了笑，反問兒子說：「戰爭結束了，人們的想法是什麼呢？」「人們已經厭惡透了戰爭，大家都希望戰後能過上安定美好的生活。」巴特點點頭，進一步指點兒子：「那麼，美好的生活靠什麼呢？要靠健康的體魄。將來人們會把健康的體魄作為主要追求目標。因此，我們要準備生產健身器材。」

一番改造後，生產輪椅的機械流水線被改造成了生產健身器材的流水線。剛開始幾年，工廠的銷售情況並不好。這時老巴特已經去世了，但班傑明堅信父親的超前思維，依舊繼續生產健身器材。十幾年的時間，健身器材開始風行，不久就成為暢銷貨。當時美國只有班傑明這一家健身器材工廠，所以班傑明根據市場需求不斷增加產品的產量和種類，隨著企業規模的不斷擴大，班傑明躋身到了億萬富翁的行列。

由此可見，超前意識可以對將來可能出現的狀況進行預測性思考。它可以使我們調整現實事物的發展方向，從而幫助我們制定正確的計畫和目標，並實施正確的決策。

總而言之，管理者必須要有高昂的鬥志，科學的精神，清醒的頭腦。要眼觀四面，耳聽八方，不斷的觀察社會情況的變化，研究應對變化的措施，這樣才可能使企業走在社會經濟發展趨勢的前端，永遠立於不敗之地。

第四章 讓平凡的人做出不平凡的事——人才管理

有效的管理者在用人所長的同時，必須容忍人之所短。

——彼得．杜拉克

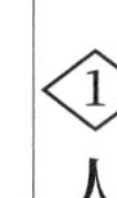

人才可以左右企業的命運

杜拉克箴言

傳統的人力管理方式並沒有把人力當作一種資源，而是看作是成本。

杜拉克認為，左右企業命運的不是企業家本人，而是企業是否有足夠的人才。雄厚的人才儲備使企業持續發展的關鍵，人才為企業帶來源源不斷的生命力。只要人才不失，再大的困難都能挺過去。

可口可樂稱雄於世界無酒精飲料的歷史已達上百年之久。現在，每年銷售達三百多萬瓶，年銷售額近百億美元，總公司僅控制百分之零點三一的原汁專利權，每年的收入在九億美元以上，它暢銷世界一百多個國家和地區，成為美國文化、美國精神的象徵，在世界各地的眾多媒體的評選和針對消費者的調查中，連續多年被評為世界第一知名品牌。難怪可口可樂的管理者曾經誇下海口：有一天，可口可樂的廠房、機器設備化為灰燼，公司也沒有一分錢了。但是，可口可樂會很快在這片廢墟上重新崛起，因為他們有可口可樂這一無形資產做後盾。

在可口可樂公司成功的眾多理由中，善於選拔人才、利用人才是其中的重要原因之一。可口可樂成為美國第一大飲料品牌之後，一直受到來自各方面，特別是競爭對手的競爭壓力和挑戰。一九七〇年代以來，飲料王國的後起之秀百事可樂逐漸成長壯大，成為可口可樂公司的強勁對手，一時之間，可口可樂的處境非常困難。

為了擺脫這種困境，董事長羅伯特．古茲維塔採取了多項改革措施，其中一項就是人事改革制度。

羅伯特．古茲維塔就任董事長之後，他首先對可口可樂總部的高層管理者團隊進行了大膽的改組，減少了人數，調出一些表現平庸，缺少創見的高層管理人員，並從中層的經理中挑選出一些年輕幹練、思想敏銳、有魄力的人，調到總部來，成為核心層的管理者和組織者。在選拔這些人才時，他特別重視尋找一些能夠拓展海外市場和業務的菁英，使管理者階層更富於國際化。埃及出生的阿尤布、德國人哈勒、阿根廷人布里安．戴森都是在這次調整中新吸收進來的。

羅伯特．古茲維塔的人才選擇和調整策略效果十分明顯，這些人進入管理者團隊之後，提出改革本公司原來的行銷策略，建議把直銷法改為分散銷售法，這種方法是把長期沿用的由本公司推銷人員直接銷售，改為將可口可樂原汁交給全國各地或國外代理商，由代理商在當

地加水、糖等配成可口可樂後進行批發零售。

直銷法在可口可樂初創時期具有一定的意義，但隨著社會的發展，競爭的加劇，這種推銷方法已顯得落伍。改用分散銷售法後，當地人獲得了好處，對擴大銷售也很有利，同時，又可以節省大量的運費和儲存費，使得成本大大降低，有利於競爭力的提高。

自從可口可樂採取了這一行銷策略之後，不但在美國國內擴大了銷售，而且迅速的擴展到世界各地，到目前為止，可口可樂公司的營業額收入有百分之六十五來自海外。

可口可樂公司在古茲維塔的帶領下紀律嚴明，員工工作認真負責，任何人在工作中表現不佳，都會被處分、直至開除。因為產品的特殊性，該公司規定，在夏季員工不准休假，因為夏季是飲料的最佳銷售季節。在此同時，公司還特別關心員工的生活，增加員工的薪酬，對表現好、貢獻大的員工給予獎勵和晉升，從而激發起大家努力為公司工作的熱情。在古茲維塔的管理下，可口可樂公司很快克服了困難，步上發展的正軌。

人的因素第一，也是我們從事一切管理活動的出發點。企業的經濟效益和社會效益來自於廣大人員的熱情、智慧和創造性勞動以及獻身的精神。企業的前途和命運是由人來決定的，是管理人員、技術人員和普通員工團結協作，共同拚搏的結果。作為企業的管理者，應該仁愛兵卒，仁愛部下，把人放在一切利益之上，如此企業一定會軍心統一，團隊穩定，贏得員工的忠誠，從而達到管理制勝的目的。

一些研究者在繼承和發揚孔子人本思想的同時，結合現代文明的現況，提出了建設「把人放在第一位」的管理模式應該包括的幾方面內容：

（一）要尊重員工的人格，尊重員工的勞力付出，保障員工的一切合法權利。

（二）要「以德治理」，要在管理方法和方式上更加人性化和親情化，要有感情的投入，要以柔性管理為主導，同時施以剛性的管理。

（三）要滿足員工生存的需要，關心員工的疾苦，解決員工的困難。

（四）要讓員工參與本企業的管理，對於企業的經營策略、方針、決策要多聽取廣大員工的意見，並讓他們參與其實施。

（五）要對員工進行教育，提高他們的道德素養。培育企業道德和企業精神，培養主人翁精神，同時要不斷的進行技術培訓，不斷更新技術知識，提高技術能力。

（六）要關心員工的休閒生活，美化生產環境，用豐富的休閒活動陶冶員工的心靈。

（七）要創造條件，讓那些有宏大人生抱負的員工，實現其理想和人生的價值，特別是對那些有開拓性和創造性的工人和工程師，要給予特殊的支持和關心。

在市場已經進入知識經濟競爭的大環境下，企業家們要與時俱進，要思考怎樣的管理方

式才是代表著先進生產力的前進方向。如果過去的企業經營管理一切都是以「物」為中心、以「利益」為中心，那麼如今的現實情況則要求企業必須開始重視「人」的因素，必須把「人」放在第一位。「人本管理」的思想，給予員工博大而深沉的人文關懷，從而實現和諧管理的目的，必須領會孔子在馬廄失火後那種「只問人，不問馬」的精神。

人才是企業之本，也是企業的命脈。只有員工與整個企業融為一體，才能為企業的發展貢獻出自身的最大能量。以人為本是現代企業家所宣導的管理理念，也是人力資源管理最為科學的管理模式之一。

為企業找到最優秀的人才

杜拉克箴言

沒有任何決策所造成的影響和後果，比人事決策更有影響。

杜拉克說，人事決策必須進行仔細的考慮、認真的討論，並集中組織各種人參與決策進程。人事決策之所以如此慎重，其根本原因就在於人事決策決定著企業的競爭力。企業的競爭就是人才的競爭。如何吸納最優秀的人才，已經成為企業發展的關鍵因素。找到最優秀的人才，是管理者的主要任務之一。

在微軟公司成立初期，比爾蓋茲、保羅·艾倫以及其他的頂尖技術人員，親自對每一位候選人進行面試。現在，微軟用同樣的辦法招聘專案經理、軟體工程師、測試工程師、產品經理、客戶支援工程師和使用者培訓人員。微軟公司每年為招聘人才大約走訪五十所美國大學。招聘人員不僅造訪名牌大學，同時也留心地方院校以及國外學校。

一九九一年，微軟公司人事部人員為了僱用兩千名職員，走訪了一百三十七所大學，查閱了十二萬份履歷，甄試了七千四百人。年輕人進入微軟公司工作之前，在校園內就要經過反覆考核。他們要花費一天的時間，接受至少四位來自不同部門職員的面試。而且在下一輪面試開始之前，前面一位主試者會把應試者的詳細情況和建議，透過電子通訊傳給下一位主試者。有希望的候選人還要回微軟公司總部進行複試。微軟公司透過這些方式，網羅了全美國許多技術、市場和管理方面最優秀的年輕人才，為微軟贏來了聲譽，在各大學裡樹立了良好的形象。

微軟公司總部的面試工作，全部由產品職能部門的人員承擔，工程師承擔招收工程師的面試工作，測試員承擔招收測試員的全部面試工作，以此類推。面試交談的目的在於抽象判

定一個人的智力水準，而不僅僅看候選人知道多少程式設計或測試的知識，或者有沒有市場行銷的特殊專長。

微軟面試中有不少有名的問題，比如，求職者會被問及美國有多少個加油站。求職者無須說出數字，但只要能想到美國有兩億五千萬人口，每四個有一輛汽車，每五百輛車有一個加油站，他就會推知大約有十二萬五千個加油站；估算美國加油站的數目，被面試者的答案通常不重要，被看重的是他們分析問題的方法。更為具體的講，總部這一層的面試是透過「讓各部門專家自行定義其技術專長並負責人員招聘」的方法來進行。例如程式部門中經驗豐富的專案經理從以下兩個方面來定義合格的專案經理人選：一方面，他們要完全熱衷於製造軟體產品，一般應具有設計方面強烈的興趣以及電腦程式設計的專業知識或熟悉電腦程式設計；另一方面，他們能專心致志的自始至終關注產品製造的完整過程，他們總是善於從所有想到的方面來考慮存在的問題，並且幫助別人從他們沒想到的角度來考慮問題。又如對於工程師的招聘，經驗豐富的工程師尋找那些熟練的C語言工程師，同時還要求候選人不僅具備一般邏輯能力，並且在龐大的壓力之下仍然能夠保持良好的工作狀態。

在對每一位被面試者做出嚴格要求的同時，微軟還要求每一位面試者準備一份候選人的書面評估報告。由於許多人會閱讀這些報告，所以面試者常常感到來自同事之間很強大的壓力，他們必須對每一個候選人做一次澈底的面試，並寫出一份詳細優質的書面報告。這樣，能通過最後篩選的人員相對就比較少。例如在大學招收工程師時，微軟通常僅僅選其中的百分之十至百分之十五去複試，而最後僅僱用複試人員的百分之十至百分之十五，即從整體上來講，僅僱用複試人員的百分之二至百分之三，正是這樣一套嚴格的篩選程序，使得微軟集中了比世界任何地方都要多的高階電腦人才，他們以其才智、技能和商業頭腦聞名，是公司長足發展的原動力。

怎樣認識和了解別人，選拔出真正有才幹的人，是管理工作中最重要的問題之一。知人者，才能善任。古語有言：知人則哲，惟帝其難。要會用人，就得知人。不知人就不能很好的用人。若能選拔出一個有潔癖的人做清潔工，比找一個普通人透過培訓、考核、監督等制度管理要強很多，足以說明選人的重要性。這要求管理者要有辨識人的能力。

選人是企業運作的根本所在，選人是管理者的基本職責。作為現代企業人力資源管理，人才的選拔應遵循以下五項原則。

（一）堅持「德才兼備」的原則

人才的選拔必須把品德、能力、學歷和經驗作為主要依據，從態度、能力、績效著眼慎選；在細節方面發現，從大事方面掌握，爭取開發和培養「德才兼備」的高手。

（二）堅持高度重視的原則

企業的主要管理者要把人才問題當成一種策略來考慮，授權人力資源管理部門成立由高層管理人員、企業專才和技術人員代表組成的專門評選機構，根據企業發展的需要，制定出嚴格的評選標準和要求，由人力資源部具體負責，嚴格按照程序來執行。

（三）堅持多重管道選拔人才的原則

資訊時代的到來，替企業人才的選拔提供了更為廣闊的空間，企業的人力資源管理部門可以按照自己的實際需要，透過人力銀行、報刊廣告、網際網路、獵頭公司、熟人介紹等多種有效的人才招聘管道，招聘到自己需要的人才。

（四）堅持運用科學測評方法選拔人才的原則

科學技術的進步，推動了人力資源管理的科學性，透過利用科學的測評方法，如專業測評軟體、面試、筆試、辯論等，了解人員的水準結構、能力特徵和職業性向，為量才用人、視人授權提供可靠的依據。為了實現原則規範，細則靈活，人力資源管理者可以採用「走動式管理」模式，這種模式可以協助管理人員事先客觀了解企業員工的各個方面，為選拔人才的公正性提供事實依據，不拘一格的活用人才。

（五）堅持按照工作性質和職位特點選拔人才的原則

最重要的是做好企業的人力資源規劃，弄清楚企業各職位人員的現狀、需求狀況和具體要求，針對職位特點和工作性質的需要而進行人才選拔。要做到職有所需、人有所值。

能否做一個慧眼識人的伯樂，是選人用人的大前提。大多數時候，企業中並不是無才可用，而是管理者缺少發現。一個管理者，不光自身應具備一定的才能，另外還應具備知才、識才的能力。善於辨識人才，是一個成功的管理者應該具備的素養。但很多人才都不是看一眼就能夠看出來的，需要選人者用自己的智慧去發掘，排除非議，承擔風險。一個管理者如果能夠擁有一雙慧眼，那麼他的事業就已經成功一半了。

③ 用人不可求全責備

杜拉克箴言

有效的管理者在用人所長的同時，必須容忍人之所短。

杜拉克說過：「有效的管理者在用人所長的同時，必須容忍人之所短。」公司新進員工和這位大師的弟子一樣，通常都是滿腔熱血、幹勁十足的人，即便不太了解狀況，也會針對

自己一知半解的了解而提出各式各樣的意見，這些意見很多都是不合實際的。作為管理者，即使知道他好心提出的意見是錯誤的，當下也最好不要直接指出來，可以以後再尋找機會婉轉的讓他明白真相。新員工的積極心態受到挫傷，以後他再也不敢提出意見，沒有了創新的膽量，就喪失其新鮮血液的作用了。

杜拉克指出：優秀的管理者是不會扼殺新員工的積極心態的，因為那是企業賴以發展的原動力。所以，他建議我們在員工犯錯的情況下，千萬不要一味的責怪，每個人都需要鼓勵，有鼓勵才能產生動力和改正的決心，所以管理者應該以寬容的態度來對待新員工。

俗話說：「水至清則無魚，人至察則無徒。」從道德上講，為人必須清、正、廉、潔。但過分要求，就變得刻板，不能對人持寬容厚道之心，也就不能容人，也就不能用人，不能得人之心。這是企業管理者培養忠誠下屬不可忽視的重要細節。

人無完人，金無足赤。古往今來，大凡有見識、有能力，成就一番事業的人，往往有著與眾不同的個性和特點。他們不僅優點突出，而且缺點也明顯。管理者如果在待人、用人方面過於求全責備，就會顯得不通情理。一個下屬樂意追隨的領導者往往都有容人之量，俗話說：「宰相肚裡能撐船。」如果秋毫畢見，就讓人覺得難以相處，願意跟隨、共事的人會越來越少，最終難成大事。

看人要深，待人要淺；看人要清楚，待人要糊塗。看人深，看得清楚，待人淺，待人糊塗一些，這就要求管理者掌握住大的原則，不拘泥於小節，對小缺點要寬容，對個人性格的獨特方面要給予理解。特別是那些有獨特才能的人，其性格特點也比較明顯，要用這樣的人，寬容、理解就是非常必要的。無寬容之心、理解之情，自然無法贏得這些人的追隨，想讓他們盡情發揮作用，就顯得很困難了。

為什麼有些領導者在看待自己下屬的時候，常雞蛋裡挑骨頭呢？其中的原因很複雜，但就其思維邏輯而言，主要在於不能客觀的分析看待人的優點和缺點、長處和短處，求全責備。

美國南北戰爭之始，林肯總統以為憑藉北方在人力、物力、財力上的絕對優勢，加上戰爭的正義性，短期內即可撲滅南方蓄奴者軍隊的叛亂。於是，林肯總統按照他平時的用人原則——安全第一，先後任命了三四位德高望重的謙謙君子做北軍的高階將領。想利用他們在人們心中的道德感召力，用正義之師戰敗南方蓄奴者軍隊。但事與願違，這些沒有缺點的將領在戰爭中卻很平庸，很快被南方蓄奴者軍隊擊潰。

預想不到的敗局，引起林肯總統的深思。他認真分析了對方將領，幾乎沒有一個不是滿身都有小缺點的人，但他們卻有善於帶兵、用兵、勇敢機智、剽悍凶猛等長處，而這些長處正是戰爭需要的素養。反觀自己的將領，忠厚、謙和、處世謹慎，這些作為做人的品格是不

錯的，但在充滿血腥的嚴酷戰爭中卻不足取。從這種分析出發，林肯力排眾議，毅然起用格蘭特將軍為總司令。

命令一下，眾皆譁然。這位格蘭特不僅好酒貪杯，而且脾氣火爆。眾人認為他難當此任。對此，林肯笑道：「如果我知道他喜歡喝什麼酒，我倒應該送他幾桶，讓大家共享。」林肯認為北軍將領中只有格蘭特是一位能運籌帷幄的將才，要用他的長處，就要容忍他的缺點。因而，即使有人激烈反對，林肯依然堅定的說：「我只要格蘭特。」

後來的事實證明，格蘭特成為北軍統領，幾乎成為美國南北戰爭的轉捩點。在格蘭特的統帥下，北方軍隊節節取勝，終於打敗了南方軍隊。

對林肯總統用人原則的前後變化，美國管理學家杜拉克在《杜拉克談高效能的五個習慣》中有一段精彩的評述：「倘要所用的人沒有短處，其結果至多只是一個平平凡凡的組織者。所謂『樣樣皆是』，必然一無是處。才幹越高的人，其缺點往往越明顯。有高峰就有低谷，誰也不可能是十項全能。一位管理者僅能見人短處，而不能用人之所長，刻意挑其短而非著眼於展其長，這樣的管理者本身就是一位弱者。」也有人說過：「古代的有能之人，要求自己嚴格而全面，對待別人則寬容而簡約。對己嚴格而全面，所以才不怠懈懶散；對別人寬容而簡約，所以別人樂於為善，樂於進取……現在的人卻不這樣，他對待別人總是說：『某人雖有某方面的能力，但為人不足稱道；某人雖長於做什麼事，但也沒有什麼價值。』抓住人家的一個缺點，就不管他有幾個優點；追究他的過去，不考慮他的現在。提心吊膽，深怕別人得到了好名聲，這豈不是對人太苛刻了嗎？」

對待別人苛刻，最終會落個孤家寡人，眾叛親離。不僅不能好好運用手上的人才，也沒有人願意與之共事，為其效力。春秋五霸之一的齊桓公就說過：「金屬過於剛硬就容易脆折，皮革過於剛硬則容易斷裂。為人主的過於剛硬則會導致國家滅亡，為人臣過於剛強則會沒有朋友，過於強硬就不容易和諧，不和諧就不能用人，人亦不為其所用。」

綜觀歷史上那些深得人心的管理者，都是深抱寬容之心，廣有納天下之度，待人用人，該糊塗處糊塗，該清醒處清醒。管理者要想贏得下屬的追隨和效忠，就應當有容人之量，不以「完美」要求員工。這樣不僅有助於相互之間取長補短，更能有效發揮出下屬的優點。松下電器總裁松下幸之助，也是在用人方面注重揚長避短的榜樣。

中田原本是松下公司旗下的一個電器廠的廠長。一次，副總裁對前去視察的松下幸之助說：「中田這個人沒用，盡發牢騷，我們這裡的工作，他什麼也看不上眼，而且盡講些怪話。」

松下覺得像中田這樣的人，只要幫他換個合適的環境，採取適當的用人方式，愛發牢騷

愛挑剔的毛病，很可能變成勇於堅持原則、勇於創新的優點，於是他當場就向這位管理者表示，願意讓中田進入松下公司。中田進入松下公司後，在松下幸之助的任用下，果然將弱點變成了優點，短處轉化為長處，表現出驚人的創造力，成為松下公司中出類拔萃的人才。

由此可見，對人、對自己的下屬，即使是對毛病很多的人，首先要看到他的長處，才能充分運用他的才幹。

世界上沒有十全十美的人，每個人都有缺點和優點，我們選用一個人，主要是使他發揮自己的優點，至於他的缺點，只要不影響工作、不影響別人發揮積極表現，就不應要求過嚴。管理者在選拔人才時，就要全面分析，客觀看人，不可求全責備，這樣才能做到人盡其才。

④ 充分發揮人才的長處

杜拉克箴言

人事決策不在於減少員工的弱點，而在於發揮員工的長處。

杜拉克認為，不管是誰，在任用別人時，如果只想減少弱點，那麼他所領導的組織最終必然是平平庸庸的。管理者在做人事決策時，著重考慮的應是如何充分發揮他們的長處，而不是他們的短處。

松下幸之助主張，「最好用七分的工夫去看人的長處，用三分的工夫去看人的短處。」管理者的人事決策，不在於如何彌補人的不足，而在於如何發揮人的長處。任何人有其長，亦必有其短，管理者用人的要訣之一，就是讓他的長處在某一領域得到發揮，避免他的短處。對於想法活躍性格外向的人，適合從事開創性的工作，例如銷售、設計等。可讓愛思考的人，多與他人打交道。對於性格內向沉穩，不善表達的人，適合去執行具體的任務。而兩方面都不錯的人可以從事管理。另外，一個人在他自己感興趣的領域裡工作，其能力發揮肯定是無限的。讓一個人從事其感興趣的工作，不需要對他要求太多就能做得很好，甚至給他更多的任務他也願意，因為他所從事的是他熱愛的事業。尤其是對於剛畢業的年輕人來說，根據其性格和興趣合理的安排工作職位，會有很好的效果。對他們來說，工作的成就感和技能的提升，遠大於金錢和物質上的獎勵，因此可以給他們更多的任務和更多的嘗試機會。

一九八〇年，艾科卡接掌美國克萊斯勒汽車公司董事長。當時，克萊斯勒公司已瀕臨倒閉。可是不久，艾科卡使公司起死回生，隨之又創造了一個又一個奇蹟。艾科卡奇蹟的創造

有賴於他出色的管理才能、豐富的實踐經驗，同時也與他善於用人、用人所長有著密不可分的關係。

任何一個公司的財務管理都是非常重要的，對艾科卡剛剛接手的克萊斯勒公司來說，更是如此。剛一上任時，艾科卡面臨的是一個財務帳目混亂不清的爛攤子，他認為，這種混亂局面必須盡快扭轉，否則將會嚴重影響整個公司的經營運轉。為此，艾科卡聘請了享有「當家理財的一把好手」美譽的史蒂夫．米勒。結果，米勒僅僅用了幾個月的時間，便把原本至少要一年時間才能理清的爛攤子理清了。

產品想要占領市場，必須不斷的創新。克萊斯勒的哈爾．斯伯利奇就是一個推陳出新的高手。他在汽車樣式上是個行家，什麼樣的顧客需要什麼樣式的汽車、汽車樣式在未來幾年的發展趨勢等，他都頗有研究。而艾科卡也正是看中了斯伯利奇的這種善於創新的才能，才委以重任的。

艾科卡聘用人才時，不論年齡大小，只要具有某一方面的特長，就會「挖」到克萊斯勒的旗下。原福特公司副總裁，六十五歲的保羅．伯格莫澤，本已賦閒在家中，卻被艾科卡邀請擔任克萊斯勒公司的總經理。艾科卡渴望取用的是他在經營管理上的豐富經驗。

被艾科卡重用的還有許多具有一技之長的人才，諸如「能與經紀人協調關係」的，「能在雞蛋裡挑骨頭」的等等。在克萊斯勒，他們不但充分發揮了自己的特長，而且也為公司的發展貢獻了自己的才華。

⑤ 任用最為出色的人

杜拉克箴言

一流人才必須分配到最有可能產生最大收益的領域中。

杜拉克認為，這些職位和領域中，只有任用最為出色的人，才能確保企業各項事業順利。如果內部有足以勝任的人才最好，如果沒有，就應該從外面聘用。哪怕是必須支付高額的報酬，企業也不能在關鍵職位上採用平庸的人來應付。

在美國紐約的華爾街，有一個華人金融家，他的名字叫蔡志勇。蔡志勇一九六〇年代初期投身於美國金融界，幾十年來任憑華爾街潮漲潮落、狂瀾迭起，他都能神奇的化險為夷，絕處逢生。特別是在一波三折、危機四伏的股票市場上，蔡志勇總是能夠步步為營、穩紮穩打，從而獲得了輝煌的業績，被美國金融界譽為「點石成金的魔術師」、「華爾街金融大王」。

一九八七年二月一日，蔡志勇榮在全美五百家大型企業之一的美國容器公司，擔任常務董事和董事長。說到這裡，不能不說說威廉·伍德希德這個洋「伯樂」是怎樣辨識出蔡志勇這匹「千里馬」的。

威廉·伍德希德原是美國容器公司的董事會常務董事和董事長，是一個「用人唯才」的開明人士。他所領導的容器公司是一家實業公司，旗下有多家製罐廠，多年來一直想在金融界求得發展，因此，一直想聘請一位金融奇才來策劃經營，但苦於找不到合適的人選。蔡志勇在金融界超凡的才能，引起了威廉·伍德希德的注意。他慧眼識俊傑，立即與蔡志勇接洽商談。

由於威廉·伍德希德求賢若渴，愛才如命，又不愧是網羅人才的高手，最後竟不惜以一億四千萬美元的現金和股權，高價收購了由蔡志勇擔任董事長兼常務董事的「聯合麥迪森」財務控股公司，並邀蔡志勇出任容器公司董事。一億四千萬美元這個驚人的「收買」價，明眼人一看就知，威廉·伍德希德收購「聯合麥迪森」是假，「收買」蔡志勇是真。

蔡志勇赴任後沒有辜負威廉·伍德希德的厚望與重託，憑藉著該公司的雄厚實力，蔡志勇在金融界大展其才，沒多久就使得容器公司有了突破性的進展。他先是用一億五千兩百萬美元收購了美國運輸人壽保險公司的股票，又以八億九千萬美元的鉅資收購了若干家保險公司、一家經營基金的公司、一家兼營抵押及銀行業務公司……並投資兩億美元，進一步發展這些公司的業務。蔡志勇連續四年將超過十億美元的資金用於容器公司的多種金融服務事業。

蔡志勇以金融業務為切入點，同時積極發展多樣化的業務，使該公司一九八四年資產達二十六億兩千萬美元，銷售額為三十一億七千八百萬美元；一九八五年第一季的淨收益達三千五百四十萬美元；而一九八六年第一季的純收入高達六千七百五十萬美元，同期相比幾乎翻倍！證券業務更是令人驚嘆！僅以一九八五年為例，容器公司旗下的各保險公司售出的保險單，面額高達七百七十億美元。

如今的容器公司已今非昔比，它已成為擁有三十三個容器廠的超大型企業，在全美五百家大型企業中排在第一百三十位。該公司的金融服務業已形成完整的體系和不斷發展的金融網路。蔡志勇僅上任四年，就為公司增加了十億美元的資產。威廉·伍德希德更加器重蔡志勇，一九八二年二月升任他為執行副總裁，一九八三年八月又將他升任為副董事長。

威廉·伍德希德自鳴得意的坦言相告：「蔡志勇是容器公司金融服務業的重要角色。我們之所以收購他的公司，主要是為了把他吸收到我們公司裡。」

威廉·伍德希德以一億四千萬美元的天價來收購「聯合麥迪森」財務控股公司，根本目的是為了得到蔡志勇這位不可多得的將才，事實證明，威廉由此獲得的收益要遠大於此。

人才作為企業的一種最重要的資源，決定著企業的核心競爭力。能否招募到優秀的合適的高階人才，往往決定著企業在市場上具有多大的競爭力。所以管理者要不惜一切代價來網羅有價值的人才，讓最優秀的人才為自己所用。

也許有人認為這種用重金「買」來的人才不可靠，而且代價也大。很明顯，這樣的理念已經不適應今天的競爭需求了。現代市場經濟中重金聘用人才，是最直接、最便利的得到人才的辦法，美國搶奪人才最有力的方法就是給予人才豐厚的報酬，所以美國擁有強大的研究開發能力。

不可否認，用重金「買」人才雖然只是用利益來引誘人才流動，但更重要的是，這能讓人才感到你重視他的作用，覺得他的價值大，他由此也會從利益的另一端出發去思考問題，會對重視他的公司產生親近的意識。只要在以後的日子裡繼續注重尊重人才、愛護人才，這種重金「買」來的人才同樣是很可靠的。

管理者在具體實施引進關鍵的高階人才時，要注意以下幾個方面：

（一）確保所聘人員是公司真正急需的高階人才

倘若公司支付重金聘到的員工能力不足，無法為公司發展貢獻力量，難以勝任所擔任的職位，那麼公司將為此付出沉重的代價。

因此，在做出重大決策之前，一定要考慮清楚，公司需要哪方面的人才，所聘用的人員是否具備這方面的素養。這要求分析公司的現狀，以及該人員的詳細的工作經歷與業績，透過對比分析，決定是否應該聘用。

（二）要量力而行

你應該清楚，聘用高階人才將大大增加公司的人事成本，如果沒有足夠的資金支持的話，高額的人事成本將加重公司的負擔。因為公司經營狀況的好轉、利潤的增加畢竟有一個過程，如果在這個過程未結束時，公司已經無法負擔人事成本，那麼只能使公司的狀況變得更壞。而推遲或降低薪酬水準，更會引起員工的不滿，使士氣降低。因此，在決定以高薪聘用人才時，要先衡量一下公司的資金情況。

（三）對所聘人才要給予充分的信任，並為其提供用武之地

高薪聘得人才後，要充分發揮其「外來優勢」，為其提供必要的條件，使他能夠施展才華，為企業的發展開拓更廣闊的天地。

（四）對象務必看準

在人才競爭日趨激烈的今天，難免會有一些徒有虛名的庸夫，因此，必須對其做一番認真考察。

⑥信任是對下屬最好的獎勵

信任下屬是對下屬最好的獎勵。

杜拉克箴言

杜拉克說：「信任下屬是對下屬最好的獎勵。」

杜拉克認為，在最有能力的人才手上，信任才能發揮最大效益。將適合下屬的機會、職位、職責留給最有能力的人，這是卓越管理者的「卓越」表現。

管理者應該充分信任下屬，經常傾聽他們的意見，實行「參與管理」，在不同程度上讓員工參與工作目標和實現方法的研究和會議，以提高他們對總目標的知情度，加強責任感，以便實行「自我控制」和「自主管理」。管理者的任務在於發揮他們的工作潛力，並把存在於他們之中的智慧和創造力發掘出來。這裡所指的信任，就是傳統中的「用人不疑，疑人不用」之道。信任是授權的前提。信任一個人，就要放手善用他，給他一個證明自己的機會。

授權以後的充分信任等於給了下屬一個平台，一種機會，一個廣闊的施展抱負的空間。授權以後的充分信任對於管理者自身也有莫大的好處：把事情簡單化，有充裕的時間去思考重大決策問題。既然下屬做事完全能夠處理得好，又何樂而不為呢？

微軟公司在第一任副總裁吉姆斯·湯恩年事已高、跟不上微軟發展的步伐時，比爾蓋茲請來謝利擔任公司副總裁。謝利對微軟的人事進行了大刀闊斧的整頓，使微軟得以迅速發展。

一九八三年，為了搶在其他公司之前開發出具有圖形介面功能的軟體，占領應用軟體市場，微軟開發了「WINDOWS」項目，並宣布在一九八四年底交貨。

誰知，直到一九八四年過了大半年了，「WINDOWS」軟體仍然沒有開發出來，以致新聞界把「泡泡軟體」的頭銜「贈給」了「WINDOWS」。在進退維谷之際，比爾蓋茲依然給予謝利充分的信任。謝利經過一番仔細調查，找到了病根：除了技術上的難度以外，開發「WINDOWS」的組織和管理十分混亂。

謝利又一次進行大刀闊斧的整頓：更換「WINDOWS」的產品經理，把程式設計高手康森調入研究小組，負責圖形介面的具體設計；蓋茲自己的職責，也被定位於集中精力思考「WINDOWS」的整體框架和發展方向。謝利的這一部署切中要害，「WINDOWS」的開發立見奇效，各項工作有條不紊，進展神速。年底，微軟向市場推出「WINDOWS」1.0 版，隨後是「WINDOWS 3.0」版。

信任會讓下屬感到受尊重，會激發下屬的工作熱情和創造力。但在授權的過程中，授權

者僅憑一味的信任，往往會發生一些本可避免的問題，讓自己陷入極度被動之中。信任，應該建立在懷疑的基礎上。在授權的過程中，聰明的管理者從不一味的信任一個人，而是用懷疑的眼光去信任一個人。

在選擇授權對象時，要用挑剔的眼光去審視對方，他到底能否承擔起責任？他能勝任這項工作嗎？他有什麼弱點？他能克服自己的弱點嗎？如果對方能經受住這些「懷疑」，確實是擔當重任的人才，再授權給他。千萬不要還在懷疑對方的能力，就授權給對方，這樣容易導致授權者不能給予授權對象充分的信任，互相猜疑。更不要明知一個人存在著弱點，卻讓他做超乎其能力的事情，那只會自尋煩惱。

授權之後，就要給予對方充分的信任，讓對方大膽去做，不要隨便插手事務，打擊對方的積極度。授權者要做好心理準備，那就是對方可能會犯錯誤，但可以在錯誤中成長。授權者授權之後，並不是萬事大吉，什麼都不管了，應該繼續關注對方的工作進展情況，對可能發生和已經發生的問題進行指導，避免更大問題的發生。從這個角度來講，授權者在授權之後應該扮演一個「輔導員」的角色，用懷疑的眼光進行追蹤。

在富比士工作的人都有這樣一種感受：在自己的職位上可以充分發揮想像力和創造力，可以自主處理自己的業務，完全不必擔心老闆會對你指手畫腳、事事插手。正像一位富比士的員工所說：「在富比士做事，可以為所欲為——只要別把事情搞砸就行。」

在這方面，雷・耶夫納感觸頗深。他剛到富比士工作，公司就給了他很高的薪水。當時，雷・耶夫納的任務是對富比士的 IAI 附屬機構進行調整，使該機構所出版的《IAI 週報》重振雄風。布魯斯・富比士給他的唯一指示是：一切由你全權處理，不過，事後要向我報告工作結果。

雷・耶夫納感受到了布魯斯・富比士對自己的信任，因此充滿了工作熱情。每天早上他都要和富比士各部門主管輪流會談，了解各部門的進展情況，決定哪些主管該和布魯斯・富比士面談。「那是我第一次感到手中握有無限大權。」雷・耶夫納如是說。他開始大刀闊斧的改革，他讓手下有事直接向他匯報，不必像以前那樣層層報告，六個月內，IAI 果然重振雄風。雷・耶夫納也從此聲名鵲起。

在富比士做事，可以為所欲為的前提是只要別把事情搞砸就行。這也就決定了布魯斯・富比士的授權之道：一切由你全權處理，不過，事後要向我報告工作結果。

對授權後的工作動態進行必要的掌控，是授權者的責任。這種「懷疑」並不是對授權對象不信任，而是一種預防。防患於未然，才是成功的授權。

如果把「疑人不用，用人不疑」簡單的理解成對人給予充分的信任而不管不問，是錯誤

的，而且會滋生不良後果，甚至會陷入難以挽回的地步。這樣的事例不勝枚舉。

「疑人不用，用人不疑」其實是信任與懷疑的綜合體，是信任與懷疑達到平衡的一種境界。任何一種過度重視某一方面的做法，對授權都是不利的。把信任建立在懷疑的基礎上，授權才會朝著一個好的方向發展。

⑦招募比自己更強的人

有高峰必有深谷，誰也不可能是十項全能。

杜拉克箴言

杜拉克認為，一個成功的企業家要由廣闊的胸懷，要善於招募比自己更強的人來為自己服務。作為管理者不是要和下屬比能耐，而是要善於用人，敢用比自己強的人。其實，選用比自己強的人是管理者的高招本領。

一個好的公司固然有好的產品，好的硬體設施和雄厚的財力作為支撐，但最重要的還是要有優秀的人才。光有財、物，並不能帶來任何新的變化，具有大批的優秀人才才是最重要、最根本的。

一九三九年，在美國加州帕羅奧圖市，兩位年輕的發明家威廉．惠利特和大衛．普克德，懷著對未來技術發展的美好憧憬和熱情，開始了在矽谷的奮鬥歷程，創建了惠普。在經過了長達六十餘年的發展後，惠普在全球 IT 產業擁有了重要的地位，其資金、技術、資訊、服務和解決方案，均在同產業中處於領先地位。它的產品涵蓋了電腦及成像設備的產品服務和技術支援，客戶遍及電信、金融、政府、交通、運輸、能源、航太、電子、製造和教育等部門。

威廉．惠利特曾經說過：「我這一生最值得驕傲的一件事，就是參與、創建了一家公司，這家公司是以高科技、高品質和好的管理聞名於世，然後又成為很多公司模仿的對象。同時我也希望在我百年之後，這家公司的企業文化能繼續延續，這家公司的生命能繼續延續，它還是很多人討論的一個對象。」

現在，惠利特的願望已經實現了。惠普用獨到的企業文化理念和做法獲得了極大的成功。

惠普的成功，靠的是「重視人」的宗旨。惠普重視人的宗旨源遠流長，目前還在不斷自我更新完善。他們的企業目標是：一個團體的成功是該團體中每個成員朝著共同目標集體奮鬥的結果。正是在這種核心目標的引導下，惠普形成了獨特的人才觀念。他們認為公司是

圍繞個人、個人尊嚴以及對個人貢獻的肯定所建立起來的。所以，他們為公司員工的工作表現，以及對待同事、工作與公司的態度而驕傲。

惠普具有信任並尊重個人的管理理念。他們吸收那些能力超群卓越、個性迥異及富於創新的人加入惠普，承認他們對公司所做的努力和貢獻，並確立了只要積極奉獻就能分享成功的價值觀。由於惠普一直注重依靠內部因素前進，所以要求各級管理者必須關心員工的正確發展，要求管理者應該不斷為員工提供充分的富有挑戰性的機會，以及長期發展機會，提供培訓和教育項目，以提高他們的能力，為今後更重要的工作做準備。惠普的成功經驗不也正說明人才的重要性嗎？一句經典電影對白：「二十一世紀什麼最貴？人才！」人才是企業的重要資源，是成功的保障，所以領導者要善用比自己更優秀的人，讓企業的發展進入一個長久健康的良性循環。

管理者必須具有勇於和善於使用強者的膽量和能力。在企業內部激勵、重用比自己更優秀的人才，更為企業帶來活力，讓企業變得越來越有競爭力。有些管理者之所以不願意用比自己強的人，不是因為他們不能發現優秀的人才，而是因為妒賢嫉能的心理難以克服，這樣的管理者總以為自己是管理者，因此在各方面都應該比別人高上一籌，一旦遇上比自己強的人才，就萌生妒意，採取種種辦法打壓他們。

對於管理者來說，妒賢嫉能無異於自掘墳墓，韓愈說：「弟子不必不如師，師不必賢於弟子。聞道有先後，術業有專攻。」這同樣適用於管理者和員工，對那些強於自己的員工，管理者更要予以重用，使其各盡其才，各盡其能，讓他們能安心為企業奮鬥，用他們的才華鑄就企業事業的輝煌。

⑧允許員工犯錯誤

杜拉克箴言

越優秀的人越容易犯錯誤，因為他經常嘗試新的事物。

杜拉克說：「越優秀的人越容易犯錯誤，因為他經常嘗試新的事物。」犯錯往往是創新的開始，企業的成功不是從天上掉下來的，而是從失敗中得來，從創新中得來的。

公司裡，一個從來不犯錯的人，尤其是不犯大錯的人，一定不會是一個卓越的人。「最糟糕的是，由於他從來不犯錯，他就沒有學會要如何早期發現錯誤，以及該如何改正錯誤。」

3M公司是一家歷史悠久的多元化跨國企業，之所以能夠在激烈的市場競爭中立於不敗之地，和公司的宣傳口號有很大的關係。

「只有容忍錯誤，才能進行創新。過於苛求，只會扼殺人們的創造性。」這是3M公司的座右銘。

失敗是一本大書，深入了解為什麼會失敗，也就找到了如何才能成功的竅門。只有那些經得起失敗，又能從失敗中奮起的員工才是最優秀的人，也才是企業最需要的人才。

大多數美國企業的管理者都知道要想讓員工勇於創新，就要先讓創新者打消害怕失敗遭受懲罰的念頭。這些管理者深明這樣的道理：要想進行卓有成效的創新，就得進行不同形式的嘗試，並在嘗試中保留正確的東西，摒棄那些無效的東西。所以，要進行創新，首先必須建立起「失敗後還有明天」的思維，創造更加自由寬鬆的人文環境，讓「接受失敗，容忍失敗」成為一種普遍認同的文化。

奧的斯電梯公司就是這樣一家典型的美國企業，它的總裁蘇米特拉·杜塔就對員工宣揚這樣的觀點：「放手去做你認為對的事，即使你犯了錯誤，也可以從中得到經驗教訓，不再犯同樣的錯誤。」這樣一來，企業的所有員工便可以放心大膽的去探索、實驗、發揮創意，為企業做出一番貢獻。

蘇米特拉．杜塔經常鼓勵下屬，他說：「如果我們只知道執行上司認為對的事情，這個世界永遠也不會加速進步。」他要求公司的每一個主管必須鼓勵和培養員工的創造力和毅力。「年輕人總是有些創意的，主管不應該只懂得向他們填塞那些現成的觀念，這樣可能會扼殺不少本來很好的創意。」蘇米特拉．杜塔還認為，企業不宜將員工的職責範圍定得太細、太清楚，這樣既不聰明，也沒有必要。只有管理者把所有員工視為一家人，員工才會安心自覺的做好力所能及的事。否則，只會限制員工的創意和靈感的發揮，損傷創造力。在奧的斯電梯公司，是不允許責罰犯了錯誤的員工的，解決問題的關鍵是找出犯錯的原因，而不是懲罰犯錯誤的人。

有一位公司的總裁曾經對蘇米特拉．杜塔抱怨說，公司裡有時會出點差錯，但又找不出該負責任的員工，真不知為什麼。蘇米特拉．杜塔趕緊回答，找不出是好事，如果真找出那位員工，可能就會影響其他員工。他說：「任何人都可能犯錯誤，我也犯過錯誤。例如，我們奧的斯系統是一種領先於時代的產品，雖然這是一種革命性的電梯系統，但是公司進入市場的時機卻不恰當。本來我們奧的斯系統最適合於超高層建築，但正好在亞洲金融危機前的幾個月推入了市場，幾週後，這一世界上最大的、最有生機的新摩天大樓市場就崩潰了。我的決策出現了失誤。」他繼續說，「誰也免不了犯錯誤，尤其是在創新過程中更是如此，但是從長

遠來看，這些錯誤也不至於動搖整個公司。錯誤也許不可原諒，但是犯錯的人卻是可以原諒的，如果一個員工因犯錯誤而被剝奪升遷機會，也許就此一蹶不振，誰還願意為公司做更大貢獻呢？假使犯錯誤的原因找出來了，公諸於眾，無論是犯錯誤還是沒犯錯誤的人，都會牢記在心的。」

在蘇米特拉．杜塔的奧的斯電梯公司，所有員工都勇敢創新不怕犯錯，因為他是這樣告訴他的員工的：「員工犯一點錯誤不奇怪，我們應該像對待小孩犯錯誤一樣，要幫助他而不是拋棄他。特別要有耐心的找出犯錯誤的原因，避免他或別的人重犯，這不但不是損失，反而獲得了教訓。在我多年的領導生涯中，還真找不出幾個因犯錯誤而想開除的人呢。」

這個世界就是如此，很多東西是無法預料的，失敗和錯誤更是創新過程中的有機組成部分。管理者要想得到正確的東西，就要在不斷失敗的嘗試中尋找，就像3M公司的那句名言：「為了發現王子，你必須與無數個青蛙接吻。」吻到青蛙並不是壞事，最糟糕的是員工不敢採取任何實質性的創新行動。因為如果沒有那些失敗的體驗，就不可能獲得創新的成功，這是打不破的真理。因此，企業只有建立一種鼓勵創新，允許失敗的企業文化，員工才會積極主動的進行創新，全體成員都參與到創新工作中來。

事實上，真正成功的新構思背後是成千上萬個失敗的創意，但是這種失敗對企業並非有害，實際上，失敗和死胡同可能正是下一輪創新的發力點。因此，只有允許失敗才能真正鼓勵創新，否則一切都是空談。既然創新過程中無法繞開失敗，要想「在失敗中前進」，必須克服對失敗的恐懼，只有有效處理失敗帶來的恐懼與重新建立遠景之後，才能克服創新帶來的失敗恐懼心理。

一是要公開支持失敗。要想及時做成任何一件新鮮事，都必須對失敗給予公開的有力支持——不只是支持「有意義的試驗」，而且要公開支持失敗本身，要公開談論失敗。

二是要獎勵失敗。獎勵那些最有意思、最富創造性、最有用處的失敗，可以用一些富有幽默感和玩笑意味的實物來獎勵，如彎曲的高爾夫球桿、兩輛汽車撞在一起的模型。企業可以要求經理人定期這樣獎勵下屬，甚至也可以每年舉行一次「遺憾者宴會」，以激發下屬創新的積極性。

三是設立失敗專用基金。當代社會是一個科技高速革新的時代，要想在市場中占有一席之地，及時、迅速的技術創新當然不能遲到。為了解決研發人員「跌倒」的後顧之憂，企業可以設立科技風險基金，新專案研發成功獲利後，返還研發經費，失敗了經費則由基金承擔，研發人員就可以放手一搏了。

總之，創新的過程實際上就是一個不斷試錯的過程。有位哲人說過，世界上最清白、立

得最直的是石頭雕成的人，但它永遠不會做事情。敢為人先的創新者，是崎嶇道路上的跋涉者，是走向高峰的攀登者，而失敗恰恰是其邁向成功的階梯。一個不能寬容失敗的企業，不可能有真正的成功。

鼓勵自由創新、寬容對待創新失敗，是檢驗一個企業是不是有創新勇氣的試金石。當創新者有所失誤、有所失敗之時，企業理應提供一種寬容的氛圍，鼓勵他們在前進的征途上，以志氣和膽量創造造福時代的輝煌業績，用銳氣和豪氣寫就排除萬難的絢麗篇章。

⑨給下屬足夠的發展空間

杜拉克箴言

知識將成為一種新的關鍵性資源，知識型員工成為社會新的統治階層。

杜拉克認為，在當今的企業中，擁有某方面專長的知識型員工會越來越多。他們更加注重精神需求的滿足。因此，對這一類型的員工，管理者要給予他們更多的理解以及更多的交流，以此激勵他們的鬥志，更用心的為公司服務。

企業管理的一個較高的境界就是弱化權力和制度，以文化和理念為方法，實現員工自主管理，在共同的價值觀和企業統一的目標下，讓員工各負其責，實現員工的自我管理、自主操作。要實現這個目標，就要求管理者必須注意發揮員工的自主性，實現員工的自我管理、自我規範，從而激發員工的工作積極度，自覺的完成本職工作，並主動追求最佳方法和最優效率，為企業創造最佳業績。

有自覺性才有積極度，無自決權便無主動權。在管理的過程中，我們常常過多的強調了「約束」和「壓制」，事實上這樣的管理往往適得其反。如果人的積極度未能充分激發起來，規矩越多，管理成本越高。聰明的企業家懂得在「尊重」和「激勵」上下工夫，了解員工的需求，然後滿足他。只有這樣，才能激起員工對企業和自己工作的認同，激發起他們的自發控制，從而變消極為積極。真正的管理，就是沒有管理。

增強員工的自發控制可以大大提高管理的效率，這一點已經得到了許多企業的認可和重視。

美國微軟公司同樣是橫山法則的實踐者。該公司的企業文化強調充分發揮人的主動性，讓員工有很強的責任感，同時給他們做事的權力與自由。簡單的說，微軟的工作方式是「給你一個抽象的任務，要你具體的完成」。

促進員工自我管理的方法，就是處處從員工利益出發，為他們解決實際問題，提供發展自己的機會給他們，給予他們尊重，營造愉快的工作氛圍。做到了這些，員工自然就和公司融為一體了，也就達到了員工的自我控制。

第五章 打造高效和諧團隊——團隊管理

管理意味著用思想代替體力，用知識代替慣例和迷信，用合作代替強力。

——彼得·杜拉克

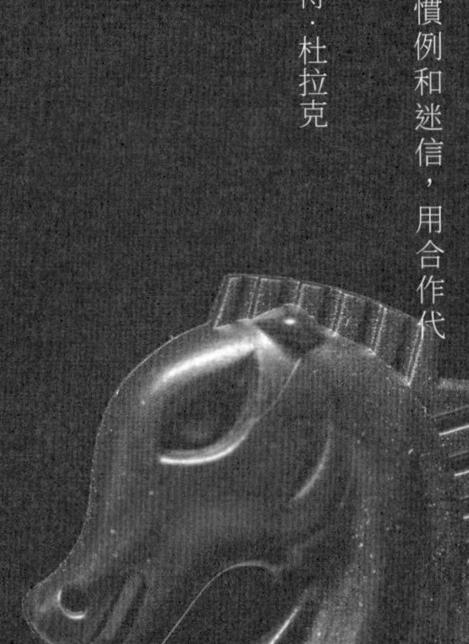

①團隊管理需要「人性化」

隨著知識經濟的深入發展，在管理活動中，管理者要「把人當人看」，一切活動要以維護「人性」為中心展開。

杜拉克箴言

在杜拉克管理思想中，「人性」是他闡發、論證管理問題的一個重要核心。人是一切管理活動的中心，管理能否圍繞「人性」展開，是評價管理成效的重要尺度。

人性即人的本性，文藝復興後的歐洲思想家把人性看作欲望、理性、自由、平等、博愛等，他們大都從人的本質存在、天然權利等角度來闡發人性。中國古聖先賢則主要從社會倫理角度來闡述人性。孔子說「相近」，孟子說人性本善，荀子說人性本惡等，都將人性看作是重要的事物來對待。

那麼杜拉克所說的人性，確切指的是什麼呢？事實上，杜拉克所說的人性強調的是人的需求以及作為人的天然權利。他認為，隨著知識經濟的深入發展，在管理活動中，管理者要「把人當人看」，一切活動要以維護「人性」為中心展開。所以，管理者只有充分認知到人性在管理中的作用，並改變思維方式，將這種理念貫徹到企業的管理和經營方式中，管理才能適應知識經濟時代的需要。在杜拉克看來，管理的前提是認識「人性」，管理的過程是弘揚「人性」，管理的結果是實現「人性」。因而杜拉克所提倡的是一種人性化管理。

一九三九年紐約世界博覽會的「IBM 日」中，老華森組織了三萬人去參加慶典活動。IBM 職員乘坐老華森為他們包下的十列火車，浩浩蕩蕩的從工廠駛向紐約。一路上職員們歡聲笑語，手舞足蹈，好不快活！然而，當天晚上悲劇發生了，一列滿載 IBM 員工家屬的火車，在紐約地區撞上了另一列火車的尾部，不知有多少人傷亡！

此時正是深夜兩點，四周一片黑暗。老華森接到電話，二話不說，一骨碌從床上爬起來，帶著他的女兒坐上汽車就向出事地點奔去。火車上的一千五百人裡有四百人受傷，有些人還傷得很嚴重。還好，沒人死亡。此時，天已大亮，老華森和女兒一整天都留在醫院裡，與人們談話，並確保傷患們得到最好的醫療護理。老華森又打電話向紐約總部發出指示，總部的主管們立即忙碌起來。

一些醫生和護士源源不斷的來到出事地點，一列新安裝好的火車把那些沒有受傷的人，以及受了點輕傷但不妨礙繼續乘車的人接往紐約。當他們到達紐約時，IBM 已把下榻旅館改造成一座設施齊全的野戰醫院。老華森直到第二天深夜才返回曼哈頓，回去後的第一件事就

是命令部下為受傷者的家庭送鮮花。許多花店的老闆在深夜被從被窩裡叫出來，為的是第二天一早把鮮花送到傷患的病房裡。

老華森處理事故的做法中處處透露出對員工的關愛，人們從這些關愛中感受到了溫暖和戰勝悲劇的力量。這件事後人們會變得更團結，更加以IBM為榮。假如，老華森沒有出現或沒有及時出現在事故現場，事情又會朝著怎樣的方向發展呢？顯然不會處理得這樣圓滿，甚至會激發衝突。

其實，愛是一種管理。管理者們，去關愛你的員工吧。你關愛他們，他們也會愛戴你。這會促進各項管理措施的執行，推動企業更好更快的向前發展。

作為Sony的締造者和最高領導者，盛田昭夫具有非凡的親和力，他喜歡和員工接觸，經常到各個下屬單位了解具體情況，盡可能與較多的員工直接溝通。稍有閒暇，他就到下屬工廠或分店轉一轉，找機會多接觸一些員工。他希望所有的經理都能抽出一定的時間離開辦公室，到員工當中去認識、了解每一位員工，傾聽他們的意見，調整部門的工作，使員工生活在一個輕鬆、透明的工作環境中。

有一次，盛田昭夫在東京辦事，看時間有餘，就來到一家掛著「Sony旅行服務社」招牌的小店，對員工自我介紹說：「我來這裡打個招呼，相信你們在電視或報紙上見過我，今天讓你們看一看我的廬山真面目。」一句話逗得大家哈哈大笑。氣氛一下由緊張變得輕鬆，盛田昭夫趁機四處看一看，並和員工隨意攀談家常，有說有笑，既融洽又溫馨，盛田昭夫和員工一樣，沉浸在一片歡樂之中，並為自己是 Sony 公司的一員而倍感自豪。

還有一次，盛田昭夫在美國加州的帕洛奧圖市看望 Sony 公司的一家下屬研究機構，負責經理是一位美國人，他提出想和盛田昭夫合照幾張，不知行不行。盛田昭夫欣然應允，並說想合影的都可以過來，結果短短一個小時，盛田昭夫和三四十位員工全部拍了合照，大家心滿意足，喜氣洋洋。末了，盛田昭夫還對這位美籍經理說：「你這樣做很對，你真正了解 Sony 公司，Sony 公司本來就是一個大家庭嘛。」

再有一次，盛田昭夫和太太良子到美國 Sony 分公司，參加成立二十五週年的慶祝活動，夫婦特意和全體員工一起用餐。然後，又到紐約，和當地的 Sony 員工歡快野餐。最後，又馬不停蹄的趕到阿拉巴馬州的杜森錄音帶廠，以及加州的聖地牙哥廠，和員工們一起進餐、跳舞，狂歡了半天。盛田昭夫感到很開心，很盡興，員工們也為能和總裁夫婦共度慶祝日感到榮幸和自豪。

盛田昭夫說，他喜歡這些員工，就像喜歡自己家人一樣。

依靠 Sony 高層管理者的這種親和力，使公司裡凝聚成一股強大的合作力量，並藉著這麼

一支同心協力的團隊——他們潛心鑽研、固守職位、自覺負責、維護生產、不為金錢追求事業，勇於開拓他鄉異國銷售事業，先鋒霸主Sony公司才能屢戰屢勝，一步一個腳印，在高科技新產品開發上，把對手一次又一次的甩在後面。

人人都想讓別人聽自己的話，而不願聽別人的話，所以管人難。既然知道了這一點，我們就要學習「治人事天」的方法。何謂「治人事天」？就是治理人事關鍵在於抓住人心。所以，好的管理者不按自己的主觀意願行事，而是集思廣益，尊重員工的意願，建立領導者與下屬之間的互信機制。

從管理的人本思想出發，要反對一味的追求法制。片面的追求法制，只會把企業逼上絕路。正如老子說：「民不畏死，奈何以死懼之？」當人到了死都不怕的時候，你還能使出什麼高招呢？何況在企業的管理中，法制管理最多只不過開除而已。這是一個企業和人才雙向選擇的時代，老闆可以「炒」員工，員工也可以「炒」老闆。靠硬性的管理不可能維繫人心，只能採用無為管理的方略，以柔制勝，以弱服人。

「民不畏威，則大威至。」片面的追求法制，極易激起衝突。這種衝突往往是潛伏的，管理者一般不易覺察，尤其是對於那些習慣使用「威嚇」的管理者而言。他們往往只會看到一種表面假象：法制很靈，人們在「威嚇」面前表現得很聽話，管理得很有序。其實，潛伏的衝突就像一座即將噴湧的岩漿，就像一堆即燃的柴火。岩漿一旦噴湧，柴火一旦點燃，企業的管理即刻就會由有序變為無序，由治變亂。這種變化速度之快，往往超出人的想像。因此，在法制管理中，執法、行罰，絕不是管理的最終目的，只是「不得已而用之」的應急措施。

那麼，要怎麼做呢？老子說過：「愛以身為天下，若可託天下。」意為如果能以愛護自己身軀那樣去愛天下人，那麼就可將天下託付給他。對於企業的管理者而言，如果能像愛自己那樣去愛員工，必然可以獲得員工的心，激發他們的工作積極度。作為管理者，如果真心愛護員工，就要做到「無常心」，「以百姓心為心」。

②滿足下屬的精神需求

杜拉克箴言

如果滿足物質需求的方式不再有效，就必須去滿足他們的價值觀，並給予他們社會的肯定，讓他們從下屬變為管理者，從員工變為合夥人。

杜拉克認為，精神激勵和物質激勵作為兩種激勵方式，管理者要靈活使用。當物質激勵失效的時候，應該從精神需求的角度對員工進行激勵和滿足，從而激發員工的工作熱情，達到激勵的效果。

美國鋼鐵大王安德魯．卡內基選拔的第一任總裁查爾斯．史考伯說：「我認為，我那能夠使員工鼓舞起來的能力，是我所擁有的最大資產。而使一個人發揮最大能力的方法，是讚賞和鼓勵。」「再也沒有什麼比上司的批評更能抹殺一個人的雄心……我贊成鼓勵別人工作。因此我樂於稱讚，而討厭挑錯。如果我喜歡什麼的話，就是我誠於嘉許，寬於稱道。」這就是史考伯的做法。史考伯說：「我在世界各地見到許多大人物，還沒有發現任何人——不論他多麼偉大，地位多麼崇高——不是在被讚許中工作成績更優越、更加賣力的。」史考伯的信條與安德魯．卡內基如出一轍。卡內基甚至在他的墓碑上也不忘稱讚他的下屬，他為自己撰寫的碑文是：「這裡躺著的是一個知道如何跟他那些比他更聰明的屬下相處的人。」

在一個企業中，當員工們有所付出時，當他們接受工作指派時，當他們獲得成果時，他們往往渴望別人，特別是領導者的尊重和認可。作為一名領導者或管理者，首先應當做到的就是能夠留意下屬出色的工作，並加以讚許，滿足他們的精神需求，這樣做的結果往往能為企業帶來龐大的收益。

小姜大學畢業後被一家日商企業聘為銷售員。工作的前兩年，他的銷售業績確實令人不敢恭維。但是，隨著對業務的逐漸熟練，又跟那些零售客戶熟稔了，他的銷售額就開始逐漸上升。到第三年年底，他根據與同事們的接觸，預測自己當屬全公司銷售的冠軍。不過，公司的政策是不公布每個人的銷售額，也不鼓勵相互比較，所以小姜還不能被肯定。

去年，小姜做得特別出色，到九月底就完成了全年的銷售額，但是經理對此卻沒有任何反應。儘管工作上非常順利，但是小姜總是覺得自己的心情不舒暢。最令他煩惱的是，公司從來不告訴大家誰做得好誰做得壞，也從來沒有人關注銷售員的銷售額。他聽說當地另外兩家美商的化妝品製造企業都在舉辦銷售競賽和獎勵活動。那些公司的內部還有通訊之類的小報，對銷售員的業績做出評價，讓人人都知道每個銷售員的銷售情況，並且要表揚每季和每年的最佳銷售員。想到自己所在公司的做法，小姜就十分惱火。

不久，小姜主動找到日方的經理，談了他的想法。不料，日本上司說這是既定政策，而且也正是本公司的文化特色，從而拒絕了他的建議。

幾天後，令公司主管吃驚的是，小姜辭職而去，聽說是被公司的競爭對手挖走了。而小姜辭職的理由也很簡單：自己的貢獻沒有被給予充分的重視，沒有得到相應的回報。

正是由於缺乏有效、正規的考核，這家公司無法對小姜做出肯定與讚美，並且給予相應

的獎勵，才使公司失去了一名優秀的員工。

其實我們每個人都渴望別人的讚美和誇獎。林肯曾經說過：「每個人都希望得到讚美。」著名的美國心理學家威廉·詹姆斯發現：「人類本性中最深刻的渴求就是讚美。」這是人類與生俱來的本能欲望。所以，能否獲得稱讚，以及獲得稱讚的程度，變成了衡量一個人社會價值的尺規。每個人都希望在稱讚中實現自己的價值。

對某個人在團體中的優良成績，千萬別忘了利用機會予以肯定。一方面，當某個人做某件事做得很好時，應該得到讚許。另一方面，讚許是對其行為的進一步肯定，可以激勵他朝著正確的方向繼續努力。

在美國《時代》週刊的一次調查中，有人與美國著名的企業——惠普公司的二十位高階管理人員進行了面談，其中的十八位都主動提到，他們公司的成功，靠的是以人為本的宗旨。而惠普公司的創始人威廉·惠利特說，關懷每位員工並承認他們的成就，目的就是讓每位員工按照自己的特點來調整工作時間。他還強調：「我們公司內部的上下級之間彼此都很隨便，可以不拘禮節，不冠頭銜。」

我們對此還可以舉出很多例子，總之，那是一種精神，一種觀點，一種建立在人本基礎上的觀點，讓下屬感到自己是群體中的一部分，而這個大群體就是惠普。總之，我們的公司不能變成「用人時就僱，不用時就辭」的企業。

事實上，惠普的領導人也正是這樣做的。正像他們所說，在一九七〇年代的經濟危機中，惠普利潤大幅度的衰減，但公司內部並沒有裁一個人。全體員工，包括總裁惠利特本人再一律減薪百分之二十，每個人的工作時數一律減少了百分之二十，結果惠普不但保證了全體員工無一失業，而且最後順利的度過了這次危機。

可見一個成功的管理者，要懂得滿足下屬的精神需求，只要這樣，下屬才能聽從你的領導，努力工作。而且作為管理者一定要謹記：下屬並不是機器上的零件，而是和你一樣的人。

③金錢不是激勵員工的唯一辦法

杜拉克箴言

管理者必須真正的降低物質獎勵的必要性，而不是把它們當作誘餌。如果物質獎勵只在大幅度提高的情況下產生激勵的效果，那麼採用物質獎勵就會適得其反。物質獎勵的大幅增加雖然可以獲得所期待的激勵效

果，但付出的代價實在是太大，以至於超過激勵所帶來的回報。

杜拉克認為，很多企業領導者都會犯一個大錯誤，即把金錢當成激勵員工的唯一辦法。他們把金錢加股息當成了萬能的激勵方法，但金錢並不能產生持久激勵的作用。在現代知識型員工越來越多的情況下，員工們更傾向於追求成就感，希望被組織賦予挑戰性的工作，同時得到公司的認可和尊重。

IBM 公司在員工激勵方面，有著獨到的見解。

為了充分激發員工的積極度，採取了多種獎勵辦法，既有物質的，也有精神的，從而使員工將自己的切身利益與整個公司的榮辱關聯在一起。

該公司有個慣例，就是為工作成績列入前百分之八十五以內的銷售人員舉行隆重的慶祝活動。公司裡所有的人都參加「百分之百俱樂部」舉辦的為期數天的聯歡會，而排在前百分之三的銷售人員還會榮獲「金圈獎」。為了表現這項活動的重要性，選擇舉辦聯歡會的地點也很講究，譬如到具有異國情調的百慕達或馬略卡島舉行。

有一個曾獲得過金像獎的電影製片人參加了該俱樂部一九八四年的「金圈獎」頒獎活動，他說 IBM 公司的每日「輕歌劇表演」具有「百老匯」水準。

當然，對於那些有幸多次榮獲「金圈獎」的人來說，就更能增加榮耀感，有幾個「金圈獎」獲得者，在他們過去的工作中曾二十次被評選進入「百分之百俱樂部」。

此外，在頒獎活動期間，還要放映獲獎者本人及其家庭的影片，讓人們更了解獲獎者的生活，並且把這種榮譽感帶給獲獎者的家人。

頒獎活動的所有動人情景難以用語言描繪，特別應指出的是，公司的高階主管自始至終參加，這更激起人們的熱情。此外，該公司有時還會花樣翻新的做出一些出人意料的決定，以激發員工的積極度和增加公司的凝聚力。有一個員工的業務名片上有一面藍色鑲金邊的盾牌，這是他二十五年工資榮譽徽章的複製圖樣，同時上面還印著燙金的壓紋字：「IBM 公司二十五年忠實的服務」這就巧妙的告訴你，公司感謝你二十五年來的努力工作。員工拿著這張名片，可以和認識他的每一個朋友分享這一榮譽。

用這種榮譽來獎勵優秀員工，有時比物質獎勵的作用更大，因為榮譽在員工的心目中，激起的感情波瀾是龐大無比的。

Motorola 公司的創始人高爾文有一句名言：「對每個人都要保持不變的尊重。」公司總裁每週無論工作多繁忙，都會抽空向員工寫一封信，把自己一週的工作及生活狀況告訴員工，包括會見的客戶、做了什麼事情，甚至他這週陪孩子去遊樂園，也會在信中寫給員工。

總裁不是以高高在上的口氣與員工對話，而是以一個普通朋友的身分，把自身的經歷、

經驗告訴員工，並在信中常叮囑員工要關心自己的家庭等。為了推動「肯定個人尊嚴」活動，每個季度，員工的直屬主管都會與員工進行單獨面談，交流想法與感受。

摩托羅拉公司有一份人力資源部主辦的人人皆知的《大家庭》報，該報的主旨就是服務員工，資訊相當豐富且與員工息息相關。報上有內部徵才資訊、培訓機會、有關部門員工問題的解決情況回饋、各項福利的規定和具體數量、薪資調整問答等。

報上的事情瑣碎得不能再瑣碎，但卻是員工最關心的問題，報紙的義務就是提供公司和員工交流、員工和員工交流的平台，處處反映公司以人為本的理念。員工擔心的問題一定會有人管，而且會將處理結果公布在報紙上。

美國哈佛大學心理學家的一項研究證明，員工在沒有激勵的情況下，他的個人能力只發揮了百分之二十，而在開發和激勵以後，他的潛能會發揮到百分之八十。這意味著只要員工受到充分的激勵，你的團隊在不增加一個人、不增加一件設備的情況下，團隊的整體績效就可以提高四倍。激勵不僅是重要的管理方法，而且是一門高深的管理藝術。管理者對下屬的激發和鼓勵，會使他們發揮更大的積極度和創造力。激勵的方法雖然多樣，但大體上可劃分為如下幾個類型：

（一）形象激勵

形象激勵，主要是指領導者的個人形象對被管理者的思維和行為，能夠發揮明顯的激勵作用，從而推動各項工作的發展。管理者的一言一行往往會影響下屬的精神狀態。管理者形象是好是壞，下屬心中自有定論。如果管理者要求下屬遵守的，自己首先違法；要求下屬做到的，自己總是做不到，他的威信和影響力就會大大降低，他的話就會失去號召力，下屬將會表面上服從，而背後投以鄙夷的眼光。而管理者以身作則、公道正派、言行一致、愛職敬業、平易近人，就會得到下屬廣泛的認可和支持，就能有效的督促下屬恪盡職守，將工作任務好好完成。因而管理者應把自己的學識水準、品德修養、工作能力、個性風格貫穿於處世與待人接物的行動之中。

（二）情感激勵

情感，是人們情緒和感情的反映。情感激勵既不是以物質利益為誘導，也不是以精神理想為刺激，而是指管理者與被管理者之間的以感情連結為方法的激勵方式。管理者和被管理者的人際關係既有規章制度和社會規範的成分，更有情感成分。人的情感具有雙重性；積極的情感可以提高人的活力；消極的情感可以削弱人的活力。一般來說，下屬工作熱情的高低，和管理者與下屬的交流多少成正比。古人云「士為知己者死」，「感人心者，莫過於情」。有時管理者一句親切的問候，一番安慰話語，都可成為激勵下屬行為的動力。因此，現代管

理者不僅要注意以理服人，更要強調以情感人。要捨得情感投資，重視與下屬的人際溝通，變單向的工作往來為全方位的立體式往來，在廣泛的訊息交流中樹立新的領導行為模式，如家庭、生活、娛樂、工作等等。管理者可以在這種無拘無束、下屬沒有心理壓力的交往中，得到大量有價值的想法資訊，交流感情，從而增進了解和信任，並真誠的幫助每一位下屬，使團體內部產生一種和諧與歡樂的氣氛。

（三）信心激勵

很多時候，下屬可能對自己缺乏信心，不能清楚的認識和評價自己，尤其是對自己的能力，往往不清楚自己的優勢和劣勢，以及實現目標的可能性有多大。因此，下屬需要外界尤其是自己信賴的、尊重的、敬佩的人的鼓勵，而來自上級的鼓勵則更加可貴，它意味著上級會為自己提供成功的機會和必要的幫助，這無疑會激發下屬的需求和激勵下屬努力進取。因此管理者應努力幫助下屬樹立「人人都能成才」信心，讓下屬看到希望，揚起理想的風帆。下屬有了信念、動力和良好的心態，就能激發出龐大的創造力。正像一句廣告語說的那樣：「只要有熱情，一切就有可能。」

（四）賞識激勵

賞識是比表揚、讚美更進一步的精神鼓勵，是任何物質獎勵都無法可比的。賞識激勵是激勵的最高層次，是領導者激勵優勢的集中表現。社會心理學原理顯示，社會的群體成員都有一種歸屬心理，希望能得到領導者的承認和賞識，成為群體中不可缺少的一員。賞識激勵能恰好的滿足這種精神需要。

管理者在管理上一定要有「雙贏」意識，將員工的收益與企業利益緊緊綁在一起。針對員工的所需給予激勵，以此來激發員工的內在熱情，發揮出最大潛能，提高工作效率，為企業創造更多利益。

4 樹立員工的主人翁思維

杜拉克箴言

要讓人才從工作中獲得比薪水更多的滿足，他們尤其看重挑戰。

杜拉克認為，現實生活中往往有一些人，他們只想享受工作的好處，拒絕承擔工作的責任或不願為工作付出，那麼結果只能和自己的目標南轅北轍，永遠也無法得到自己想要的成功和幸福。同時，也有這樣一群人：他們樂於追求工作的挑戰，他們對工作成就感的追求，

重於對薪水及名譽的關注。

松下電器的創始人松下幸之助認為，使員工產生歸屬感，是贏得員工忠誠，增強企業凝聚力和競爭力的根本所在。在管理中，管理者應當注重在精神方面感化員工，使他們感受到企業的關懷，信任和尊重，以及企業努力為他們營造的公平、融洽的工作環境，從而使他們感受到自己的工作單位如同一個大家庭一樣，獲得家庭式的溫暖感和歸屬感以及成就感。

一九八九年十一月，五千名員工在拉塞爾·梅爾的領導下，每人集資四千美元，共計兩億八千萬美元，買下了 LTV 鋼材公司的條鋼部，在這兩億八千萬美元中，兩億六千萬是借來的。他們把這個部門命名為聯合經營鋼材公司。

梅爾為這個新成立的公司所上的第一課，是關於 LTV 鋼材公司在最近幾個月中所遭受的挫折，他想使他的公司能夠應付鋼材市場即將出現的最疲軟局面。

在聯合經營鋼材公司，梅爾一改以往的工作方法，恪盡職守的行使領導職權。他總是講實話，把所有情況公開，與員工同甘共苦，並且總是讓員工看到希望。他深信，這是激勵員工、充分激發員工積極心態的最佳方法。

梅爾知道，為使員工充分施展才能，必須讓他們懂得怎樣以雇員又是主人的姿態自主的、認真負責的做好工作。為實現這一願望，他認為最好的方法是把所有資訊、方法和權力都交到那些最接近工作、最接近客戶的員工手中。他深信，如果他能夠使所有員工都感覺到他們對公司的經營情況擔負著責任，那麼，公司的一切，無論是員工信心還是產品品質都會得到提高。他說：「如果鋼材是由公司的主人生產的，其品質肯定會更好，這是毫無疑問的。我們的目標是創建一個能夠充分滿足客戶要求、為客戶提供具有世界一流品質的產品和服務的公司。只有實現了這些目標，我們這些既是公司的員工又是公司的主人的人，才能保住穩定的工作，才能使我們公司的地位得到提高。」

梅爾清楚，要實現這一目標，公司必須開創一個員工充分參與合作的新時期。只有這樣，公司才能在鋼材行業處於激烈的國際競爭、特殊鋼廠不斷湧現、獲得高額利潤的產品不復存在的環境下生存下去。要想獲得成功，梅爾說，「我們必須採用一套新的管理機制，來為所有員工創造替公司的興旺發達貢獻全部聰明才智的機會。」

聯合經營鋼材公司理事會的人員結構表現了梅爾的觀點：其中四位理事是由工會指派的，三位來自管理部門，包括梅爾本人和另一名拿薪水的員工。

然而，讓員工明白他們應如何為公司的興衰成敗承擔起責任並非一帆風順。把錢留下，買些股票，員工就成了股東，但他們對這樣做到底意味著什麼卻一無所知。更有甚者，很多員工都表示他們願意負更多的責任，願意進一步參與公司的事務，但是他們就是不承擔他們

各自的義務。對他們來說，什麼是有獨立行為能力的成人，什麼是依賴別人的孩子，都搞不清楚。

我們很多人天生就有一種希望得到別人的關心照料的欲望，希望有人保護，使我們免受那種社會殘酷競爭的侵擾。作為對這種保護的回報，我們心甘情願的聽命於別人，依賴別人，忠實於別人，心甘情願的放棄支配權。所以，即使員工表示打算負更多的責任，願意參與決定公司前途命運的決策工作，他們也往往不願自始至終的履行自己的諾言，因為他們既害怕失敗，又擔心自己的能力，所以他們就會踟躕不前。梅爾明白這種心理。

「我們大家都是環境的產物，」梅爾說，「假如你在一種環境中工作了三十年，在這種環境中，所有的事都是以一種單一的方式做的，可是突然某個人來了，並對你說，這裡的一切都必須改變。這時，你也會困惑。你可能會說出這樣的話：『雖然我是主人，你卻想讓我一週來這裡工作四十個小時？你的意思是說我還得做同樣的工作，拿同樣的薪水？那麼我當主人又有什麼意義呢？我見過的主人沒事就到酒館去喝啤酒，想走就走。』」

所以，梅爾還必須設法讓員工明白當主人應做些什麼，使他們的思維軌道從「好了，那是他們的問題」轉換到「我即是公司，所以，這事最好由我來處理」的軌道上來。

聯合經營公司的工作人員現在有雙重身分，一種身分是員工，另一種身分是公司的主人。雖然這兩種身分不同，但每一種身分都會對另一種產生促進作用。

樹立員工的主人翁思維，培養員工的歸屬感，增強員工的成就感，必須在精神上和經濟上共同下工夫。精神上的歸屬意識產生於全心全力的參與。當員工了解到他們的努力能夠發揮作用，認知到他們是全面工作中必不可少的環節時，他們就會更加投入。要使他們全心全力的參與，還必須讓他們在經濟上與企業共擔風險，共用利潤。

員工的歸屬感首先來自待遇，具體展現在員工的薪資和福利上。衣食住行是人生存最基本的需求，買房、買車、購置日常物品、休閒等都需要金錢，這都依靠員工在公司獲得的薪資和福利來實現。在收入上讓每個員工都滿意，是一項相當艱難的事情，但是待遇要能滿足員工最基本的生活需求，才能在最基本的層面上留住人才。因此，待遇在人才管理中只是一個保證因素，而不是人才留與走的激勵因素。

一部分人在從事工作的同時，他們不單單是為了自己的薪資待遇，他們更注重自己在企業中的位置與個人價值展現。以及自己未來價值的提升和發展。個人價值包括技術能力、管理能力、業務能力、基本素養、交涉能力等，管理者提供機會幫助員工增強以上能力，是企業增強魅力、吸引人才的重要方法。

增強員工歸屬感還需要特別注重每個員工的興趣。興趣是最好的老師，有興趣才能自覺

自願的去學習，這樣才能做好自己想做的事情。作為管理者應該盡可能考慮員工的興趣和特長所在。擅長做管理的，盡可能去挖掘、培養他的管理能力，並適當提供管理機會；喜歡鑽研技術的，不要讓其去做管理工作。

當然，還有很多因素制約員工的歸屬感，但是，如果連以上幾點都做不到，其他方面也是空話了。如果想創造一個良好的團隊，就要讓員工能把公司當家一樣去看待，讓他們覺得他們是公司的一分子，他們不是管理者的奴隸，管理者不是一個獨裁者，管理者會採納大家意見，讓大家覺得他們也是公司決策的一分子，公司的每一個成就都有他們的一份汗水。讓他們感覺你是真正關心他們的需要。任何人都希望讓別人喜歡他，讓別人認可他，讓別人信服他，讓別人覺得他重要。

因此，我們說，要想使下屬高效能工作，就要滿足下屬對工作成就感的追求。這是實現卓越管理必須遵守的一條重要法則。

⑤ 成功靠的是團隊，而不是個人

杜拉克箴言

管理意味著用思維代替體力，用知識代替慣例和迷信，用合作代替強力。

杜拉克曾經說過：「企業成功靠的是團隊，而不是個人。」一個團體如果缺失團結將成為一盤散沙，一家企業如果沒有團隊精神也將無所作為。在這個充滿競爭的商業社會裡，單打獨鬥的時代已經過去，想要成功需要一個高效能的團隊，企業的核心競爭力就是擁有經過有效磨合的團隊。

只有擁有強大、不可戰勝的團隊，每一個員工才能將個人潛力發揮到極致，才會在工作中脫穎而出；企業才會在競爭中保持基業常青、蓬勃發展。個人和企業才能夠成為真正的贏家。

團隊每個成員要想成功，就必須具有團隊精神，確保團隊成員思維一致、認知一致，才能心往一處想、力往一處打，進而促進團隊整體向著共同目標前進。力量來自協作，力量來

自團結，團隊塑造奇蹟。

　　對於中層管理者來說，自己的業績就是整個團隊的業績，只有將這個團隊運作好，發揮出團隊的作用，管理者才能提高自己的績效。團隊的作用是無窮的，企業的經營發展離不開一個個團隊的工作，作為管理者，必須首先了解到團隊的重要性，使團隊裡的每個人都發揮自己的優勢，同時，有著共同的目標，並在這一目標下形成堅不可摧的團隊精神。

　　在一九九八年世界盃賽前，艾梅．雅凱告誡法國球員：「要麼二十二名球員一起贏得世界盃，要麼大家一起被踢出賽場。」毫無疑問，在贏與輸的選擇中，不是由一兩個人決定的，也不能僅靠賽場上十一位出戰的隊員，而應由包括替補隊員在內的二十二名球員共同努力來爭取勝利。倘若有一個人不專注，偏離了團隊這個航道，球隊就會遭致危險，甚至全軍覆沒。

　　讓我們來看看一九九八年世界盃得主法國隊是如何眾志成城，迎戰巴西隊的。開賽前，更衣室裡出現了少有的凝重，每名隊員都全神貫注的投入賽前準備，他們駐足於戰術講解圖前，認真領會個中指令，有時互相討論一下，交換彼此的看法，他們已做好了充分的心理準備，一個個精神抖擻，信心十足，一股強大的凝聚力把所有球員變成了一顆即將發射出去的子彈。

　　上半場比賽精彩絕倫，席丹連進兩球，當然，這不僅顯示出他個人高超的球技和驚人的力量，也是團體智慧與合作的結晶，是團體力量有效發揮的成果。中場休息時，隊長迪蒂埃・德尚為了防止隊員鬆懈輕敵，大聲鼓勵道：「兄弟們，別激動！還有四十五分鐘的苦戰，他們鐵定會向我們發起猛攻，但我們絕不能鬆懈，絕不！」每個隊員的鬥志被煽動起來了，他們齊聲高喊：「我們絕不鬆懈！」

下半場開戰了，巴西隊追得很緊，雙方打得難分難解。終場前二十分鐘，進入了迎戰巴西隊最頑強的反攻時刻，不幸的是，法國隊一名球員因犯規被罰下場。面對突如其來的變故，必須替球隊找到新的平衡點，於是，教練雅凱對戰術稍作調整，在人員上也作了相應的替換，每個隊員可謂「一切行動聽指揮」，完全服從教練的調度。接下來就是罰角球了，這次行動堪稱經典，無論是初時的站位，還是後來的傳球、隊員之間的配合，以至最後的射門，都處理得如此完美精妙。用一句話來形容就是：嫻熟的團體球技、勇往直前的拚搏精神、競技中的流暢嚴密、配合的默契協調。可以說，法國隊最後的那一顆進球完全是一個團體入球，當屬團隊精神的大表現。

無怪乎，賽後媒體盛稱道：「這無不充分展現了法國隊的精神風貌——覺悟高，組織紀律嚴明，團隊合作意識強，作風好、技術強、敢打敢拚……」

雖然射球入網，破門得分的那個球員功勞極大，堪稱「賽場上的英雄」，但英雄的背後卻

有無數個支撐他的力量。正如雅凱所言：「他之所以表現得如此出色，是因為有我們強大的團體做他堅實的後盾，是其他隊友正在用身體抵擋對方的進攻和破壞，幫他掃清了前進道路上的障礙，才使他無後顧之憂的往前衝，並突破了個人能力極限。」

有這樣一句名言：「沒有一隻鳥會升得太高，如果牠只用自己的翅膀飛升。」微軟前CEO史蒂芬·巴爾默也說過類似的話：「一個人只是單翼天使，兩個人抱在一起才能展翅高飛。」無論是自然界的鳥兒，還是我們人類，想要飛得高，想要有所成就，離不開他人給你的推升之力。如果人與人之間都能相互借力、彼此提攜，那麼，大家前進的步伐會整體加快，成功指數也會比單打獨鬥、孤軍奮戰時高得多。同樣，倘若企業每個成員都能互信團結，都具有分享與協作的意識，並有為團體奉獻的精神，那麼，企業的競爭力則會大大提高，獲勝也就成為一件必然的事了。

團隊精神就是一個人與別人合作的精神和能力，是一種職業精神。在社會分工越來越細的今天，合作已經是天經地義的事了，也是公司發展的必要前提。俗話說：人多力量大，這是真理。我們要獨立完成一件工作已經是一件吃力不討好的事情了，現在有許多的事透過團隊就會輕而易舉的解決。團隊還會幫助你度過最艱難的時候，幫助你解決危險。

團隊建立的核心精神，簡單來說就是要有大局意識、服務精神。尊重個人的興趣和成就。核心是協同合作，最高境界是全體成員的向心力、凝聚力，反映的是個體利益和整體利益的一致，並進而保證組織的高效率運轉。團隊精神的形成並不要求團隊成員犧牲自我，相反，揮灑個性、表現特長，保證了成員共同完成任務目標，而明確的協作意願和協作方式則產生了真正的內心動力。團隊精神是組織文化的一部分，良好的管理可以透過合適的組織形態將每個人安排至合適的職位，充分發揮團體的潛能。如果沒有正確的管理文化，沒有良好的從業心態和奉獻精神，就不會有團隊精神。那麼，如何才能具備團隊建立的核心精神呢？

首先，要樹立共同目標。

目標的一致性，是團隊建立的基石。一個企業只有在其所有成員對所要達到的整體目標一致的肯定和充分的認同，才能為之付出努力、最終共同實現目標。而我們的企業，尤其是小型企業，奮鬥目標的不確定性往往是導致最終失敗的主要原因之一。目標的不確定、方向感的缺失使企業高層與中層之間，中層與基層之間出現了資訊、溝通的嚴重斷裂，並由於引發了價值觀的分歧，失敗的計畫、目標、團隊建立由此而生。事實上每個人都必須忠誠於自己的團隊，忠誠於自己的事業，做好自己的本職工作，為共同的目標不懈努力。如果你不拍翅膀，他不拍翅膀，這個團體還會存在嗎？又如果大家都朝著不同的方向拍翅膀，這個團體還會稱之為團體嗎？而個體間的生存空間和高度還會有多少？

其次，要重視團隊協作。

協作的優劣，是團隊建設的關鍵所在。在一個企業裡，會以企業為單位、部門為單位、小組為單位，分別存在不同的大小團隊。企業為這三個團隊中的核心團隊，而企業的整體利益必然也必須成為任何一個小團隊的利益中心，所有的行動的指南。在現在的企業團隊中以銷售團隊最為代表性，為了個人、小團體、區域、部門的部分私利而置整體大局而不顧，大到業界之間、企業之間，小到部門之間、同事之間相互排擠、搶單、搶客戶、削價，使整體銷售業績急劇下滑、產品品質大打折扣、利潤空間嚴重縮水。大雁間的相互協作一則是為了種族的生存，二則是為了提高團體的也是每個個體的飛行高度；而我們部門之間協作也正是為了提高工作績效和產品利潤，正所謂殊途同歸！如果一根手指可完成整隻手的日常工作，那麼我們只需要一根手指就可以了，還要雙手做什麼？難道是僅僅為了美觀嗎？

第三，準確的角色定位。

準確的自身角色定位，是團隊建立重要的一環。事實上無論是一個企業、一個部門、一個小組，想要共同創造出優良績效，對於每一個個體都會做出一個準確的定位。而最終導致績效不佳的原因，很大程度上是員工對自身在組織中的定位缺乏認識，以至於定位不準、不足、不對，最終沒能發揮應有的作用，沒能盡到應盡的職責，反而產生了不夠積極的作用，更有甚者產生了副作用。大雁飛行中的角色定位和角色互換，使整個團隊始終保持著飛行的穩定性和高度，而且使每個團隊成員都充分的投入到團隊之中來。而現實工作中的角色定位，不僅可以使員工可以更為清醒的認識自己，更為有利發展、培養鍛鍊自己的所長，更是為了充分提高團隊的綜合實力。俗話說：「尺有所短，寸有所長」。如果全部都是將軍，誰來打仗？反過來，如果全部都是士兵，誰又來指揮？

第四，要做到相互激勵。

相互間的激勵，是團隊建立中的精髓。在職場上最好把共事的夥伴變成啦啦隊，快樂、陽光的工作則是成功的最好助手，工作夥伴散播的有利消息遠遠比你個人所做的努力，更有助於你職業生涯的發展。而相互間的激勵，更容易在心與心之間產生共鳴、達成默契，從而形成團結、向上的整體工作氛圍。雁群間的友愛和激勵，可以大大提高種族的生存空間與機率。其實在激勵別人的同時，對自己何嘗不是最好的激勵。就如淨化別人是對自己靈魂最好的洗禮一樣。相互間的配合、幫助、激勵，會使我們更容易的攻克難關和通向成功。

綜上所述，高效能的團隊離不開良好的團隊建立。如今，激烈的市場競爭在企業的每一個成員身上擴展和深化，個人的力量已微不足道，團隊致勝才是決勝市場的法寶。而團隊的效率的提升，有賴於團隊成員的個體優勢得以充分發揮。在合作的過程中，只有發揮每個人的特長和智慧，才能快速高效率的完成目標任務。所以，企業管理者必須善用團隊的各種資源，即透過每個人相互作用形成合力，並使這個合力達到最大，才能在有限的資源下，創造最佳的工作績效。

團隊合作是凝聚力的來源

杜拉克箴言

現代企業不僅僅是管理者和下屬的企業，而應該是一個團隊。

管理學家彼得·杜拉克曾說：「現代企業不僅僅是管理者和下屬的企業，而應該是一個團隊。」松下幸之助也曾經說過：「管理企業就是管理人。」所以企業之間的競爭，說到底就是人的競爭。作為一個領導者，如果只是「我要成功」，將會越來越不能適應當前日漸激烈的商戰；只有強調「我們成功」，才能使企業立於不敗之地。

眾所周知，奇異公司的傑克·威爾許是全世界薪水最高的執行長（CEO），被譽為全球第一CEO。一九八一年威爾許入主奇異公司後，在短短二十年時間裡，使奇異公司的市值成長了三十多倍，達到了四千五百億美元，排名從世界第十位上升到第二位。就是這樣一位商界泰斗，在他的《傑克．威爾許傳》〈作者的話〉中這樣寫道：「我承認，我討厭不得不使用第一人稱，因為我一生中所做過的幾乎每一件事情，都是與他人一起合作完成的。然而，你要寫一本這樣的書，卻必須使用『我』來進行描述，儘管實際上它是應該由『我們』來承擔的。所以，請讀者們注意，你們在書中的每一頁看到『我』這個字的時候，請將它理解為我所有的同事和朋友，以及那些我可能遺漏的人們。」

從威爾許坦誠的告白中，不難看出，一個企業不是僅僅只有高層那幾個靈魂人物就能成就偉業，也需要形成中層強而有力的團隊，更需要普通員工的團隊精神。

一個外商招募員工，不少人前去應徵。應徵者中有大學生，也有研究生，他們頭腦聰明、博學多才，是同齡人中的佼佼者。聰明的總經理知道，這些學生有淵博的知識做後盾，書本上的知識是難不倒他們的，於是，總經理就要求人力資源部策劃了一個別開生面的面試。

面試開始了，總經理讓前六名應徵者一起進來，然後發了十五塊錢，讓他們去街上吃飯。並且要求，必須保證每個人都要吃到飯，不能有一個人挨餓。

六個人從公司裡出來，來到大街拐角處的一家餐廳。他們上前詢問用餐情況，服務生告訴他們，雖然這裡米飯、麵條的價格不高，但是每份最低也得三元。他們一合計，照這樣的

價格，六個人一共需要十八元，可是現在手裡只有十五元，無法保證每人一份。於是，他們垂頭喪氣的離開了餐廳。

回到公司，總經理問明情況後搖了搖頭，說：「真的對不起，你們雖然都很有學問，但是都不適合在這個公司工作。」

其中一人不服氣的問道：「十五塊錢怎麼能保證六個人全都吃到飯？」

總經理笑了笑說：「我已經去過那家餐廳了，如果五個或五個以上的人去吃飯，餐廳就會免費加送一份。而你們是六個人，如果一起去吃的話，可以得到一份免費的午餐，可是你們每個人只想到自己，從沒有想到凝聚起來，成為一個團隊。這只能說明一個問題，你們都是以自我為中心、沒有一點團隊合作精神的人。而缺少團隊合作精神的公司，又有什麼發展前途呢？」

聽聞此話，六名學生頓時啞口無言。

由此可見，團隊合作的重要性。現實生活中，團隊合作其實不需要花費我們很多的時間與精力，但卻往往能夠獲得很大的成就。了解這一點後，我們一點也不覺得奇怪了，這就是為什麼有許多人在公司裡獨來獨往，而使自己的工作變得一團糟的原因。

我們都應該了解到，只有有了團隊才會有我們個人，只有公司發展了，個人才會從中受益。唯有大家同心協力的發揮團隊的力量，才能讓大家一同向前邁進，個人也才能發揮自己最大的力量，去實現自己的理想與抱負。這正如一位老闆對員工們告誡的那樣：「這個世界是瞎子背著跛子共同前進的時代！」

然而遺憾的是，在現代社會裡，很多人卻忽略了團隊的力量。要麼好大喜功，認為自己「天下第一」，無須別人的幫助；要麼在工作中遇到困難時，喜歡獨自一人逞強蠻幹，從不和其他同事溝通交流。其實，這種認知是極其片面和錯誤的。在專業化分工越來越細的今天，單靠一個人的力量是無法應付工作中的方方面面的。雖然一個人憑自己的能力可能獲得一定的成就，但如果你把自己的能力與他人的能力結合起來，那麼結果絕不會是「一加一等於二」，而可能是「一加一大於二」。團結的力量無堅不摧，這是一個淺顯，而很多人又拒絕接受的道理。如果你具有良好的合作精神，無形之中就會大大提高你的工作業績。

作為整個工作流程中的個體，只有把自己完全融入到團隊之中，憑藉團隊的力量，才能完成自己所不能單獨完成的任務。一位頗有影響力的公司老闆認為，明智且能獲得成功的捷徑就是充分利用團隊的力量。當一名員工在工作中表現出自負和自傲時，他的工作進度就顯得緩慢和困難重重。這樣的結果是老闆最不願看到的。因此，這也對他自己有百害而無一利。

公司的發展最終靠的是全體人員的積極性、主動性、創造性的發揮，每個人充分展現自

己的聰明才智，貢獻自己的力量。

 尊重你的每一個員工

杜拉克箴言

管理者必須尊重每一位員工。

人是企業最重要的資產，因此，杜拉克認為，管理者必須尊重每一位員工。尊重並不單單是一種禮貌的要求，更重要的是基於這樣一個理念：員工才是企業真正的主人。

松下幸之助認為，不論是企業或是團體的管理者，都要尊重員工，使屬下能高高興興、自動自發的做事；要在用人者和被用人者之間建立雙向的溝通，也就是精神與精神、心與心的契合。

因此，當你指揮員工去做事時，千萬不要以為只要下了命令，事情就能夠達成。做指示、下命令當然是必要的，然而，同時你也必須仔細考慮，對方接受指示、命令時會有什麼反應？你是否尊重他？

只有充分的站在被管理者的位置上思考管理，管理才能產生實際效力。在企業中，管理者和員工就像一對天生的「仇敵」，他們似乎處在矛盾的對立兩面，永遠無法調和。在工作中，大多數人都抱怨過老闆忽視自己的意見，用指揮、命令的方式來行使領導者的權力，甚至經常無情的批評與訓斥下屬。同樣，老闆對員工也經常感到不滿意，他們認為員工不服從管理、不遵守制度、生產技能不夠、懶惰、效率低下等。對於這種冤家似的衝突，美國學者肯尼斯·克洛克與瓊安·高史密斯曾在合著的《放下管理，展開領導》中分析指出，管理的終結不應是強迫式的管理，即利用權力和地位去控制他人願望，而應是用自己的魅力去感染他人。

在感染力方面，美國國際電報電話公司（ITT）總經理哈羅德·吉寧絕對是一個表率。從一九五九年起，吉寧在 ITT 的主管位置上穩坐了二十年之久。在吉寧任職期間，ITT 創造了連續五十八個季度利潤上升的紀錄——十幾年來，每年都以百分之十的成長率上升，不論是經濟蕭條還是上升時期。這樣的業績一次又一次震驚了華爾街。

吉寧成功的因素有很多，但很重要的一點就是：用熱情感染員工。

在吉寧的心中有一個目標，就是要建立一個世界上創利最多的公司。而他的行動也證明了他的熱情和幹勁：他有著驚人的精力、天生的熱情、敏捷的頭腦，一天在辦公室工作十二

至十六小時是常事。不僅如此，而且回家還要看文件。他的廢寢忘食、不遺餘力的工作，使公司所有的人都受到了感染，熱情高漲，大多數員工都非常努力。

吉寧說：「作為一個領導者，激發部下做出好成績的最好方法，在於平時用一言一行使他們相信你全心全意的支持他們。」為此，他把難度極高的工作分派給下屬，激勵他們挑戰原本可望而不可及的高峰。一旦下屬出色的完成任務，吉寧一定會大加讚賞，而且總是稱讚得恰如其分：如果下屬是因為聰明而完成任務的，吉寧就會讚賞他的才智；如果下屬是靠辛苦投入而成功的，吉寧就會表揚他的刻苦精神。這種卓而不凡的領導力，似乎有一種不可抗拒的力量，激發著每位員工勇敢超越自己的限度。

作為一名優秀的總經理，吉寧一點都不高傲，他歡迎來自下屬的批評。吉寧認為，只有開誠布公，才能激勵大家發揮創造力。

就是這樣一位出生平凡、做過會計、半工半讀八年才獲得大學文憑的吉寧，以非凡的領導力影響了一大批有才華的人——到吉寧退休時，曾經擔任ITT的經理、之後到其他公司擔任要職的總經理已有一百三十人。這些頗有建樹的人談起吉寧時，都是恭之敬之，欽佩之至。因為吉寧培養了他們，並影響了他們的一生。從這個意義上講，吉寧是他們的一面鏡子，更是美國企業界成功的領導典範。

徒有權力是不能使領導者掌握民心士氣的，而魅力的素養顯然是卓越領導者不可或缺的重要方面，因此，一個優秀的領導者必須牢記：不光要善於把握和運用權力，更要善於溫和運用魅力；只有將權力和魅力兩者結合起來，領導者才能實現對下屬的真正領導！

權力能讓管理者做到許多事情，但卻並不能保證做得最好。

有人說領導藝術就是一種智慧，就是精心運用和實現手中的權力。這話一點沒錯，管理者經營著權力。他們透過發動他人按照他們的意願行動來達到目標。他們讓事情發生，使事情完成。

一個人在組織中的地位越高，他個人所擁有的權力也越大。因為領導者的優越地位，他可以指揮和引導他人的活動，調解存在的差異，必要時也可以強制命令。所以，權力對領導活動來說至關緊要。權力就是傾聽他人、化解衝突、說服他人的能力。權力還是抑制破壞性的不滿情緒、防止人們討論可能有破壞性的話題、壓制沒有好處的批評的能力。

因此，在許多人的眼中，領導就是權力的代名詞，意味著命令與遵從。這僅僅是權力的一種表象。因為，管理者在組織中並不擁有全部的權力。即使是那些最普通的員工也擁有某些權力。一般說來，權力受職務影響。權力都是與職務相連的，所以叫職權。權力的大小受職務大小的限制。你不能超出你的職務行使某種權力，也不能在你的職務範圍內不行使這個

權力。用多了叫濫用權力，用少了叫不負責任。

所以說，你有多大的權力就有多大的責任。當你是一個管理者的時候，不光意味著權力，更意味著責任（和職務相關的責任）。職責不光是指你「管」的範圍。舉個例子，行銷總監的職責不光是對全公司的行銷進行管理，更多的是承擔培養的責任、發展的責任、激勵的責任。

不要相信權力是萬能的，因為權力不能帶給你的東西太多。

（一）權力不能帶來激勵

人的需求是內在的，你用權力不能夠激勵它，因為不一定能滿足需求。

很多管理者會說，誰說我不行，年底的時候，我給他紅包，他不是對我千恩萬謝的嗎？實際上你知道下屬在想什麼？他們會說，這是我應該得的，甚至還有人會說，早該給我們了，本來按季度發，現在到年底才發，你們省多少錢啊。

（二）權力不能使人自覺

權力是把自己的意願強加於人，有可能你的意願剛好是別人想做的事情，更多的時候是你的意願跟別人的不一樣。迫使別人做事情怎麼能帶來自覺呢？

（三）權力不能使人產生認同

有些領導者一拍桌子：就這麼定了！一次兩次有效果，時間長了，下屬就跟你死纏爛打了，甚至當面跟你頂撞。原因很簡單，權力不能使人產生認同。秦始皇當年焚書坑儒做什麼呢，不就是想用權力統一思想嗎，那他做到了嗎？秦始皇沒能做到的事情，你能做到嗎？

（四）權力對下屬的影響有限

在今天，「領導」一詞被賦予的內涵從來沒有如此豐富過，它已不再是人們心目中強硬的鐵腕象徵。「權力」更多的依附於影響、支援、信任、實現目標等諸多要素而發揮作用。

領導的過程不再是簡單的命令與執行，而是一種將組織與個人的潛力釋放的催化過程。其任務是去發現、發展、發揮、豐富和整合組織與個人業已存在的潛力。布蘭查德說，「今日，真正的領導權來自影響力」，權力必須靠管理者自己爭取，除非下屬賦予你權力，否則你根本無法指揮他們。

一個「權力萬能論」的信奉者，不久就會發現，單純的權力是不可能給予組織持續的成長與發展。

像放風箏一樣授權

杜拉克箴言

授權不等於放任，必要時要能夠時時監控。

杜拉克認為，企業管理者的授權，將權力下放給員工，並不意味著自己完全放手，就可以對下放的事不管不問。授權要像放風箏一樣，既給員工足夠的空間，讓員工擁有一定範圍的自主權；同時又能用「線」牽住員工，不至於偏離太多，最終的控制權仍在領導者的把握中。

自一九六二年山姆．沃爾頓在美國阿肯色州開設第一家商店至今，沃爾瑪已發展成為全世界首屈一指的零售業龍頭。在全球十一個國家共擁有超過五千家沃爾瑪商店，二〇〇三年的銷售額達到兩千五百六十三億美元，聘請員工總數達一百五十萬人。連續兩年在美國《財富》雜誌全球五百大企業中名列前茅。其創始人山姆．沃爾頓也因此一度成為全球第一富豪。

由於沃爾瑪發展異常迅速，而且規模日益龐大，山姆不得不考慮把權力下放給區域副總裁和地區經理。就像沃爾瑪的負責人之一李斯閣說：與十到十五年前相比，現在的區域副總裁必須擁有與沃爾頓更相近的才幹。現在的執行長不可能為全公司一百三十萬名員工解決所有問題。如果公司成立之初，最高管理層也碰到這麼多問題，你也不得不採取現在的做法。你必須有四五十個人負責處理這些問題。以前必須由高階管理層處理的許多問題，如今在較低層級就解決了。管理團隊覺得根據公司目前的情況，不可能有別的方法應付這些事情。

下放到高層之後，山姆並沒有因此停止授權。他認為，公司發展越大，就越有必要將責任和職權下放給第一線的工作人員，尤其是清理貨架和與顧客交談的部門經理人。沃爾瑪的這些做法，實際上就是教科書中關於謙虛經營的範例。山姆．沃爾頓將它稱為「店中有店」，他讓部門經理人有機會在競賽的早期階段就能成為真正的商人，即使這些經理人還沒有上過大學或是沒接受過正式的商業訓練，他們仍然可以擁有權責，只要他們真正想要獲得，而且努力專心的工作和培養做生意的技巧。

山姆認為，把權力下放之後，必須讓每一位部門經理充分了解有關自己業務的資料，如商品採購成本、運費、利潤、銷售額以及自己負責的商店和商品部在公司內的排名。他鼓勵每位部門經理管理好自己的商店，如同商店真正的所有者一樣，並且需要他們擁有足夠的商業知識。沃爾瑪把權力下放給他們，由他們負責商店全套的事務。

此制度推行的結果，使年輕的經理得以累積起商店管理經驗。而沃爾瑪公司裡有不少人半工半讀完成大學學業，隨後又在公司內逐漸被擢升為重要的職位上。

這樣，沃爾瑪不僅對部門經理委派任務，落實職責，而且允許其行動自主享有很寬泛的決策資格。他們有權根據銷售情況訂購商品並決定產品的促銷法則。同時每個員工也都可以提出自己的意見和建議，供經理們參考。

在下放權力的同時，山姆一直努力嘗試在擴大自主權與加強控制之間實現最佳的平衡。與其他大零售店一樣，沃爾瑪公司當然有某些規定是要求各家商店都必須遵守的，有些商品也是每家商店都要銷售的。但山姆·沃爾頓還是逐步保證各家商店擁有一定的自治許可權。訂購商品的權責歸部門經理人，促銷商品的權責則歸商店經理人。沃爾瑪的採購人員也比其他公司人員擁有更大的決策權。沃爾瑪的各家分店可以採用不同的管理模式，可以有自己獨特的風格，但每一個員工也要遵守公司制定的《沃爾瑪員工手冊》；員工可以有不同的想法觀念和生活方式，也可以各抒己見、暢所欲言。但一旦公司或商店部門做出決策，就必須維護決策的權威。雖然允許他們保留意見，但決策的權威性不可動搖，所有人都要服從。當然，如果有較大的分歧，公司或商店部門也可以將意見直接反映到總部。

把權力下放給較低層級的管理人員，並不表示高階管理團隊放棄傳播公司企業文化的責任。格拉斯和索德奎斯，以及後來的李斯閣和考林，仍然是這種文化最主要的傳播者。但是，他們主要是在有眾多員工聚集的場合傳揚這些訊息，例如一年兩次的經理人員會議，以及一年一度的股東大會。

山姆在放權和控權之間有遊刃有餘，既激發了公司各個層面的主動性、自主性，也統率著公司的決策權，可謂授權管理的典範。

領導者在授權的同時，必須進行有效的指導和控制。領導者若控制的範圍過大，觸角伸得太遠，這種控制就難以駕馭。如何做到既授權又不失控制呢？下面幾點頗為重要。

（一）評價風險

每次授權前，領導者都應評價它的風險。如果可能產生的弊害大大超過可能帶來的收益，那就不予授權。如果可能產生的問題是由於領導者本身原因所致，則應主動矯正自己的行為。當然，領導者不應一味追求平穩保險而像小腳女人那樣走路，一般來說，任何一項授權的潛在收益都和潛在風險並存，且成正比例，風險越大，收益也越大。

（二）授予「任務的內容」，不干涉「具體的做法」

授權時重點應放在要完成的工作內容上，無須告訴完成任務的方法或細節，這可由下級人員自己來發揮。

（三）建立信任感

如果下屬不願接受授予的工作，很可能是對領導者的意圖不信任。所以，領導者就要排

除下屬的疑慮和恐懼，適當表揚下屬獲得的成績。另外，要著重強調：關心下屬的成長是領導者的一項主要職責。

（四）進行合理的檢查

檢查有以下的作用：指導、鼓勵和控制。需要檢查的程度決定於兩方面：一方面是授權任務的複雜程度；另一方面是被授權下屬的能力。領導者可以透過評價下屬的成績，要求下屬寫進度報告，在關鍵時刻與下屬進行研究討論等方式來進行控制。

（五）學會分配「討厭」的工作

分配那些枯燥無味的或人們不願意做的工作時，領導者應開誠布公的講明工作性質，公平的分配繁重的工作，但不必講好話道歉，要使下屬懂得工作就是工作，不是娛樂遊戲。

（六）盡量減少反向授權

下屬將自己應該完成的工作交給領導者去做，叫做反向授權，或者叫倒授權。發生反向授權的原因一般是：下屬不願冒風險，怕挨罵，缺乏信心，或者由於領導者本身「來者不拒」。除去特殊情況，領導者不能允許反向授權。解決反向授權的最好辦法是在與下級談工作時，讓其把困難想得多一些，細一些，必要時，領導者要幫助下屬提出解決問題的方案。

第六章
從源頭上做好正確的事情——決策管理

要看「正當的決策」是什麼，而不是「人能接受的」是什麼。

——彼得・杜拉克

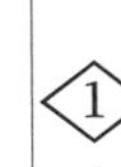

決策目標影響決策效果

決策的首要原則就是目標要明確，也就是說，管理者要回答下面這幾個問題：這個決策要實現什麼？要達到什麼目標？這個決策的最低目標是什麼？執行這個決策需要什麼條件？

杜拉克箴言

杜拉克認為決策目標是指決策要達到的目標。決策目標明確與否，直接關係到決策效果的好壞。決策目標明確了，選擇就會有依據，行動就會有針對性；決策目標不明確，選擇就會發生偏移，甚至也會出現目標轉換、南轅北轍的慘痛後果。

英國知名大學管理專家肯尼特·瓊有句名言：「決策就是從沒有目標中找到目標，即確定目標是決策本身的目標。」

二戰期間，美國作為盟軍的大後方和軍火生產基地，擔負著沉重而艱巨酌軍火生產運輸任務。美國為了把軍火盡量多、盡可能快的運往西歐前線，就租用了大量的商船運載軍火。為了使這些商船免受德軍飛機的封鎖和攻擊，美海軍指揮部決定在商船上安裝高射炮。但是，過了一段時間發現，這些高射炮的戰績很令人失望，竟然沒有擊落一架敵機。於是，海軍指揮部有人提出沒有必要在商船上安裝高射炮的問題。針對這一問題，盟軍海軍運籌小組研究後發現，把在商船上安裝高射炮這一決策的目的定為擊毀敵機是不妥當的。這一決策的正確目標，應是盡量減少被擊沉的商船數，從而保證軍火供給。雖然安裝在商船上的高射炮沒有擊落一架敵機，但事實證明，它在減少商船損失，保證軍火供給上卻是卓有成效的。

因此，美國海軍指揮部的領導者最終否決了「不在商船上繼續安裝高射炮」的錯誤意見，而是實施了在商船上繼續安裝高射炮的正確決策，從而保證了盟軍的軍火運輸。試想，如果盟軍海軍運籌小組不進行深入研究，而在錯誤的決策目標指引下，採用「不在商船上繼續安裝高射炮」的錯誤決策，那麼，盟軍的軍火供給線肯定會遭到德軍的嚴重破壞，從而影響前線的戰鬥。

企業決策也一樣。如果你是一位企業的領導人，做決策時沒有一個明確的目標，結果你會發現你的決策效果令人失望。如果你做決策時雖然有一個目標，但結果卻跟真正要解決的問題毫無關係——這種目標，跟沒有目標一樣！

目標是決策的方向，沒有目標決策就會失去方向，屬於無的放矢。這種做法，領導者在決策時一定要避免。

企業管理目標的制定和實施。企業管理者在工作中必須明確的制定出工作目標、管理目標，積極引導全體員工向同一目標奮鬥。

 鼓勵下屬提供不同的想法

杜拉克箴言

卓有成效的管理者鼓勵下屬提供不同的想法。

杜拉克認為，決策者要主動聽取下屬的意見，這樣才能全面客觀的了解事物，做出正確的決策。從管理角度來說，決策者全面聽取各方意見，尤其是聽取下屬的反面意見，可以團結有不同意見的下屬，也能贏得下屬的尊重和信任，提高組織的凝聚力。

將自己的企業建設成一個和睦的「大家庭」，是很多企業家孜孜不倦的追求。在這個大家庭中，管理者與員工之間的「同心一致」是企業發展的內在動力，需要管理者承認和尊重員工的個人價值，培養員工對企業管理的參與能力。

我們很多人天生就有一種希望得到別人的關心照料的欲望，希望有人保護，使我們免

受那種社會殘酷競爭的侵擾。作為對這種保護的回報，我們心甘情願的聽命於別人，依賴別人，忠實於別人，心甘情願的放棄支配權。所以，即使員工表示打算負更多的責任，願意參與決定公司前途命運的決策工作，他們也往往不願自始至終的履行自己的諾言，因為他們既害怕失敗，又擔心自己的能力，所以他們就會躊躇不前。梅爾明白這種心理。

「我們大家都是環境的產物，」梅爾說，「假如你在一種環境中工作了三十年，在這種環境中，所有的事都是以一種單一的方式做的，可是突然某個人來了，並對你說，這裡的一切都必須改變。這時，你也會困惑。你可能會說出這樣的話：『雖然我是主人，你卻想讓我一週來這裡工作四十個小時？你的意思是說我還得做同樣的工作，拿同樣的薪水？那麼我當主人又有什麼意義呢？我見過的主人沒事就到酒館去喝啤酒，想走就走。』」

所以，梅爾還必須設法讓員工明白當主人應做些什麼，使他們的思維軌道從「好了，那是他們的問題」轉換到「我即是公司，所以，這事最好由我來處理」的軌道上。

聯合經營公司的工作人員現在有雙重身分，一種身分是員工，另一種身分是公司的主人。雖然這兩種身分不同，但每一種身分都會對另一種產生促進作用。

管理者與員工之間應該是合作夥伴關係，如果管理者不能把員工看作是自己事業的合夥人，處處吝嗇、苛刻，就很容易站到員工的對立面去。聰明的管理者應該把員工當作企業的

合夥人對待，因為員工不僅是企業財富的創造者，更是企業發展的推動者。

星巴克咖啡的歷史很短，一九七一年星巴克創業，那時候只賣咖啡豆，而不是現在大家熟悉的咖啡店，咖啡店是一九八六年才開始的。但是在這麼短的時間裡，星巴克卻有著快速的發展，二〇〇一年美國《商業週刊》的全球著名品牌排行榜上，麥當勞排名第九，星巴克排名第八十八。二〇〇三年二月，《財富》雜誌評選全美最受讚賞的公司，星巴克名列第九。

在華爾街，星巴克早已成為投資者心目中的安全港。過去十年間，它的股價在經歷了四次分拆之後，攀升了二十二倍，收益之高超過了奇異公司、百事可樂、可口可樂、微軟以及IBM等大公司。

星巴克現在已經發展成擁有五千多家門店的大型企業，目前在大中華包括臺灣、香港、澳門地區一共有四百六十多家，平均每天在全世界開六家店，成為全球最大的咖啡零售商、咖啡加工廠。是什麼創造了星巴克奇蹟？將星巴克「一手帶大」的董事長霍華·舒茲回答：「我們的最大優勢就是與合作者相互信任，成功的關鍵是在高速發展中，保持企業價值觀和指導原則的一致性。」而在這種價值觀裡，員工第一，顧客第二，把員工當合作夥伴，是最重要的一點。

舒茲的管理理念與他的出身有關，他的父親是貨車司機，家境貧寒，所以他理解和同情生活在社會底層的人們。據說他從小就有一個抱負——如果有一天他能說了算，他將不會遺棄任何人。舒茲的這種平民主義思想直接影響了星巴克的股權結構和企業文化，這種股權結構和企業文化又直接導致了星巴克在商業上的成功。他堅信把員工利益放在第一位，尊重他們所做出的貢獻，將會帶來一流的顧客服務水準，自然會有良好的財務業績。

關於員工與顧客到底誰排第一，如同先有雞還是先有蛋，各有各的道理。從顧客滿意理論的角度來看，員工也是顧客，只不過是內部顧客而已，所以強調顧客第一本身並無所謂對錯。但有一個基本的邏輯是：滿意的顧客是由員工創造出來的。你對員工好，員工才會對顧客好，沒有滿意的員工就沒有滿意的顧客，這就是星巴克的價值觀，也是企業應該關注的一個普遍規律。

任何一項理念都必須有相應的制度做保證，並表現在相應的制度設計和措施中。星巴克的管理理念恰是表現在以人力資源驅動品牌資產的策略中，並在實踐中形成了良性互動，最終成為商場上的大贏家。

員工是企業最重要的資產。管理者把員工切實看作合作夥伴，處處以員工的利益為重，員工也會以主人翁的精神和態度為公司盡心盡力。

正確的決策可以抓住時機

在繼續惡化或天賜良機時，我們一定要有所行動。

杜拉克箴言

杜拉克認為，在日益激烈的競爭壓力下，公司每天都在面對著新的變化，每天都可能出現新的危機和機會。無論是面對危機還是機會，都需要管理者採取卓有成效的行動，以阻止惡化或者抓住時機。

一些優秀的管理者，往往能從現存的、大家司空見慣的社會現象中，嗅出變革的氣息，發現變化的趨勢。

當代大儒錢穆先生在他的〈陰與陽〉一文中，闡釋了中國文化中的「陰陽和合」關係。他說：「《易經》以乾坤兩卦代表陰陽。乾德為健，坤德為順。健是動，順也不就是靜，其實順還是動，只是健屬主動，順屬隨動。何以不說被動而云隨動，因被動是甲物被乙物推動，隨動是甲物隨順乙物而自動。主動和隨動一樣是自動，只是一先一後之間有分別。至於被動則並非自動，只是他動而已。」

在商海中浮游，不論是管理者還是執行者，只有使自己與外界建立一種互動式的辯證關係而「隨動」——隨環境而變，隨時間而變，才能實現無阻無礙、流暢通達的立業之道。「靜如處子，動如脫兔」，講的是動與靜的關係，那麼把這句話用在經商方面也未嘗不可，在未得到商機之前，靜觀其變，等到發現機會就馬上行動。

在別人認為機會已經不可能再降臨的時候，或許機會已經來臨，只是你沒有發現。我們必須善於抓住機會，或許只一秒鐘，你就會從一個乞丐變成一個富翁。這就要求企業管理者首先要看到商機。如何看到商機？這需要對所有可能與未來有關的資訊變化進行分析，依靠敏銳的商業感覺嗅到機會。每一次機會的到來，對於任何人來說，都是一次嚴峻的考驗。我們在看到機會的時候，要拿出拚搏和應戰的勇氣來，抓住機會，獲得成效。

④集思廣益，群策群力

杜拉克箴言

利於決策發揮作用或對決策有反對意見的人，都應該參與到決策中去。

許多企業的重大決策通常只由幾個甚至一個高層管理者決定的。這種決策方式帶來的風險是：由於決策者個人掌握資訊有限，造成決策的嚴謹性與周密性不強；由於決策者對未來形勢的變化預測不足，導致做出了錯誤的決策假設；由於決策者多數不是一線執行人員，導致決策指導不了操作，缺乏可執行性。因此，杜拉克認為，吸引更多相關的人參與到決策中來，能夠最大化的保證決策的正確性。

亞伯特是一家公司的部門主管。最近部門業績下滑，他和下屬的溝通也出現了問題。亞伯特決定賦予辦公室一個新面貌，改變部門的氣氛。雖然亞伯特對辦公室的新擺設的構思感到興奮，但他決定先保守祕密，以便給大家一個驚喜。

週末，亞伯特花了很長時間改變了辦公室的陳設，每張桌子和椅子都移動了位置，每個文件櫃和盆栽都挪了一遍。他對自己的表現十分滿意，以為只需要等到星期一聆聽下屬們的讚美就可以了。

週一早晨，亞伯特刻意提早到辦公室看看大家的反應。但他很失望：第一個到辦公室的人一言不發，陸續到達的其他人反應也差不多。亞伯特非但沒有得到一句讚美之辭，反而備受埋怨。他費了九牛二虎之力企圖說服下屬，新的辦公環境會使大家更有活力，但他的努力毫無意義。下屬們抱怨了一週，辦公室並沒有煥發活力。

到了週五，亞伯特召集下屬開會，承諾在週一早上一切都會恢復原樣。於是亞伯特又花了一個週末的時間物歸原位，大家似乎對這種結局都感到滿意。但亞伯特始終耿耿於懷，他覺得必須要做一些改變，於是他向下屬們不厭其煩的解釋。

中午，幾名下屬走進亞伯特的辦公室說：「我們已經討論過了，您說得有道理。改變工作環境可能會為我們帶來新鮮的氣息，並提升大家的積極度和工作效率。」亞伯特建議讓所有的員工共同設計辦公室的陳設方式。當天下午，下屬們就把新的辦公室配置圖畫好了。

在接下來的一週中，大家忙著安排辦公室的空間。週五的時候，大家達成共識，每個人似乎都很興奮。週末的時候下屬們都過來了，大家幫忙搬東西，一起調整辦公室的陳設，忙得不亦樂乎。

週一，布置得煥然一新的辦公室受到大家的肯定。辦公室的新面貌似乎真的為該部門注入了一股新氣息，每個人都顯得精神抖擻、士氣高昂。

除了一兩個桌子之外，下屬們決定的配置圖和亞伯特在幾個禮拜前自己決定的差不多。但兩者受到的待遇如此大相徑庭，實在耐人尋味。

亞伯特為了提高部門業績，只想做一點小小的變動，然而前後兩次的結果卻迥然不同。原因很簡單，他的決策方式前後有別。當他一廂情願的試圖改變時，吃了閉門羹，因為下屬

在決策過程中是被動的；當他讓下屬參與決策時，卻意外的達到了目的。這就說明，決策者的任何決策都需要一種決策藝術。決策者必須要重視別人的意見，必須善於把自己的決策透過員工參與的方式展現出來，因為所有的人都願意當主人，而不想做奴僕。透過這樣的方式，決策者處於決策的主動地位，並能積極的引導員工參與決策，以提高績效。

南北戰爭爆發後不久，美國總統林肯開始為選任軍事統帥而發愁。為了能解決這個問題，有一天，他將內閣中最重要的成員召集在白宮會議室。會議一開始，林肯就向大家強調：外面戰火轟隆，我們的會議一定要有效率，我們要在今天為已經操練三個月的八萬士兵找出一個優秀的統帥。

在林肯的要求下，內閣大臣們紛紛發表不同意見，幾個人熱烈的爭論起來。在幕僚們討論的過程中，意見逐漸清晰，有人推薦史考特將軍，有人推薦麥克多維爾，隨著推薦的候選人的不同，內閣大臣們分成幾派，不同派別之間針鋒相對，相互指責對方所推薦的候選人的不足和缺點，場面氣氛十分激烈。

由於被選任的人將承擔最重要的職位——擔任北方軍隊的統帥，這個職位將左右美國未來的命運，林肯和內閣成員們訂定了選人規則，即只有在三分之二的人同意下，候選人才能被任命。由於這個規則的存在，他們的會議從早上一直開到晚上，因為始終不能使三分之二以上的人的意見保持一致，最終毫無結果。

雖然群體決策存在一定的缺點，但顯然要比一個人獨裁、單人負責拍板定案的方式要穩當得多。現代企業面臨的是環境複雜而又變化多端的局面，要想在競爭激烈的商場中立於不敗之地，需要管理者提高決策的準確性和正確性。管理者要想最大可能的避免決策失誤，就需要充分發揮群體智慧，建立科學的群體決策機制，以群體智慧保證決策的成功。

實施「集思廣益、群策群力」是發掘員工智慧、克服官僚主義、精簡機構、解決組織問題的有效方法。「集思廣益、群策群力」幫助企業創建了一種文化——每個人都開始積極參與、每個人的想法都開始被注意、管理者更多的是引導員工而不是控制員工——有利於避免企業中的權利過分集中這一弊端。

美國的福特汽車公司是集思廣益、群策群力，有效運用全體員工智慧的典範。

美國福特汽車公司有「全員參與生產與決策」的制度。它賦予員工參與決策的權利，進而縮短員工與管理者的距離，員工的獨立性和自主性得到尊重和發揮，積極度也隨之高漲。

「全員參與決策制度」的最主要特徵，是將所有能夠下放到基層管理的許可權全部下放，對員工抱以信任態度並不斷徵求他們的意見。這使管理者無論遇到什麼困難，都可以得到員工的廣泛支持。那種命令式的家長作風被完全排除。

在福特公司可以經常看到，在員工要求下召開越級會議，員工可以直接與高於自己幾個級別的管理者進行會談，表達自己的意見，而管理者會盡快給予解決方案。

「全員參與制度」的另一項重要措施就是向員工公開帳目，每位員工都可以就帳目問題向管理層提出質疑，並有權獲得合理解釋。同時，這種員工參與管理制度，在某種程度上緩和了勞資間勢不兩立的矛盾衝突，改變了管理階層與員工階級涇渭分明的局面，大大減輕了企業的內耗。

「全員參與決策制度」的實施激發了員工潛力，為企業帶來龐大效益。「參與制」不僅在福特公司，而且在美國許多企業，以及世界各地使用和發展著，實踐證明：一旦勞動者參與管理，生產效率將成倍提高，企業的發展將會獲得強大的原動力。

正如一位管理專家所說：「全員參與管理這種做法，對員工來說無疑產生了強大凝聚力，它使員工從內心感到公司的盈虧與自身利益息息相關，公司繁榮昌盛就是自己的榮譽，分享成功使他們士氣更旺盛，而且也會激起他們奮起直追的情感。」

「讓員工參與對他們有直接影響的決策是很重要的，如果你希望部屬支持你，你就必須讓他們參與進來，而且越早越好。」美國女性企業家瑪麗．凱認為讓員工參與決策，可以得到員工的支持。

讓員工參與到企業決策當中，充分激發和挖掘企業中每一個員工的大腦共同思考決策，從而用多個大腦的思考來替代以往一個人的思考。這樣可以實現將員工的個體和企業的整體連接起來。企業可以透過匯集員工的智慧，對一個問題做出更全面的評測，從而使企業變得更加聰明。

⑤決策需要完美執行

杜拉克箴言

只有將決策變成了具體工作和責任時，決策才彰顯價值。

杜拉克認為，管理者不僅要善於決策，更要善於行動。行動才能得出結果，要想使決策獲得成功，就必須付出行動，而且還必須在第一時間付出行動。成功不能靠等待得來，而是執行的結果。

一九五四年的一天，克羅克駕車去一個叫聖貝納迪諾的城市，他看到許多人在一個簡陋的餐館「麥當勞店」排隊，他也停車排在後面。人們買了滿袋的漢堡，紛紛滿足的笑著回到

自己的汽車裡。克羅克想上前看個究竟，原來這是一家經銷漢堡和炸薯條的速食店，生意非常興旺。

此時，克羅克已經五十二歲了，還沒有自己的事業，他一直在尋找自己事業的新起點。他發現，隨著人們的生活節奏越來越快，這種速食的經營方式代表著時代的發展方向，大有可為。於是他毅然決定經營速食店。他向經營這家速食店的麥當勞兄弟買下了漢堡攤子和漢堡、炸薯條的專利權。

克羅克決定從事速食業的想法遭到家人及朋友的一致反對，他們說：「你瘋了，都五十多歲了還去冒這個險。」然而，克羅克一旦決定就毫不退縮。在他看來，決定大事，應該考慮周全；可一旦決定了，就要一往無前，趕快行動。行與不行，結果會說明一切。最重要的是要有行動。

克羅克馬上投資籌建他的第一家麥當勞速食店，經過幾十年的發展，克羅克獲得了龐大的成功。人們把他與名震一時的石油大王洛克菲勒、汽車大王福特、鋼鐵大王卡內基相提並論。這就是行動的力量。倘若，克羅克在親友的勸說下，放棄了他的決策，我們今日怎麼可能見識到輝煌的「麥當勞帝國」呢？

如果決策不能轉化為行動，那就是空談，毫無價值。杜拉克認為，要將決策轉化為行動，必須先明確無誤的回答下列問題：決策必須要讓哪些人知道？必須採取什麼行動來貫徹落實？應由哪些人來執行？這一行動應該包含哪些內容、經驗和標準，以便讓執行決策的人有所遵循？管理者透過回答這些問題，使決策真正被分解成一個個具體的行動，從而使決策產生出應有的效益。

決策需要行動，沒有行動的決策只能是一種想法，不能借助於行動的決策等於沒有決策。有了決策就馬上去行動，決策必須轉化為行動，因為只有行動才能證明決策的價值。

佳能是全球領先的生產影像與資訊產品的綜合集團，經過幾十年的努力奮鬥，佳能成功的將自己的業務全球化並擴展到行業的各個領域。目前，佳能的產品系列共分布於三大領域：個人產品、辦公設備和工業設備，主要產品包括照相機及鏡頭、數位相機、印表機、影印機、傳真機、掃描器、廣播設備、醫療器材及半導體生產設備等等。佳能在美洲、歐洲、亞洲以及日本設有四大區域性銷售總部。在世界各地有子公司兩百零三家，員工約九萬三千人。

佳能的成功很大原因就在於他們強大的執行力。正是高效的執行能力讓佳能不斷創新。眾所周知，日本公司戰後的成功就在於其對現代技術的應用，對世界資訊技術市場的強力角逐和高度重視，這使日本企業占據了家用電器、辦公設備和生產設備方面的領導地位。佳能

公司得以成為世界上第六個收入最高的電腦和辦公室設備公司，足以說明其在資訊技術方面的領先地位。據悉，佳能總是將總部年銷額的百分之十分配為開發獨創技術的費用，在佳能過去幾十年的發展中，科技創新扮演著重要的角色，從照相機到辦公設備再到數位設備，佳能總是不斷創新。

一九三七年，佳能公司憑藉光學技術起家；一九七〇年初研發出日本第一台普通紙影印機；一九八〇年代初，首次開發成功氣泡噴墨列印技術，並將其產品推向全世界。在美國專利商標局公布的二〇〇二年在美專利註冊數量排名中，佳能名列第二，至此，佳能連續十年進入該排名前三名。佳能公司的社長御手洗先生將佳能的歷史分成兩個三十年，最初的三十年是佳能技術突破與加強全球化發展的階段，在這一階段，佳能得到了產品品質和技術革新的美好讚譽；佳能發展的第二個三十年始於一九六七年，帶著「右手抓照相機，左手抓辦公設備」這句宣言，佳能引入了他們的第二個基本策略：多樣化，在隨後的三十年裡，佳能在辦公設備、電子、磁記錄、電子儀器和原料等領域，進行了新技術的開發，佳能公司也建立了遍布全球的強大業務網路。一九七〇年代，佳能擴展了其在全球的銷售網，一九八〇年代完成了公司生產區域的全球化，一九九〇年代則在歐洲、美洲和澳洲建立了研究與開發機構。

一九八八年，佳能老會長賀來龍三郎先生面對全球化的挑戰，提出了「共生」哲學，其目標就是為了大眾的利益共同工作和生活，促進人與人之間、人與社會之間、人與自然之間的相互理解並和諧相處，使地球上的每一個個體都能享受到地球的饋贈。出於這種「共生」的理念，佳能公司在保護生態方面成為世界製造業的先驅，並逐步增加了影印機再製造和墨水匣可回收專案。而其在全球的二十多家工廠的環境管理系統，也早已贏得國際認可，獲得了 IS014001 國際環保認證。此外，佳能還推出了太陽能板，並進行了首次生物法改良土質的試驗，並致力於世界各地分公司的本土化。佳能未來的全球目標，是在《幸福》雜誌所排列的全球最大工業公司中名列前十位。其社長御手洗認為：「這意味著將與世界上那些最大的、最優秀的公司相互競爭。如果我們牢牢把握住這個目標，並向著多樣化與全球化策略不斷邁進，我相信我們的目標將在三十年內由理想變為現實。」

在佳能公司的目標中有這樣一段話：「我們將以領先的技術創造出最優秀的產品，我們有這種責任和義務。為了達到這個目標，我們將在 R&D、產品計畫和市場行銷領域以一種進取的態度團結努力。」這種思維滲透到了公司的各個部門，R&D（研究和開發）貫穿於佳能的整體策略思想中，並成為佳能行為和管理模式的中心。

佳能的 R&D 實行的是產品部管理體制，其專案團隊不僅在新產品開發中使用，而且該方法用於解決整個佳能公司管理領域上的各種問題。這一體制是專案團隊的經營活動和管理活

動組成緊密的結合，以實現企業的經營效率和創新的有效性同時並舉，職能部門和各分部密切合作，對提高佳能的創新能力發揮著重要的作用。同時，每個產品分部的中期管理計畫，都由公司產品部的開發中心制定，然後這個為期三年的產品開發計畫提出到每年秋季舉辦的產品策略國際研討會上。正是依靠創新的理念，佳能公司把執行力落實到了公司的每一角落，讓執行得到更好的貫徹。

行動是企業管理的一個重要環節，沒有行動，任何好的策略或目標都不能成功，企業的發展也不過是一句空談。管理者一定要致力於提高企業的執行力，建立健全執行力系統化的思想，掌握執行力多層次的滲透與平衡，使各級執行者都能明確各自執行力的重點和難點，只有讓執行更到位，才能實現企業的發展壯大。

⑥好的決策可以應對變化

杜拉克箴言

管理者在決策時必須先從是非標準出發，千萬不能一開始就混淆不清。

杜拉克認為，對一個決策方案來說，首先應要求它是正確的，也就是說，它可以實現決策目標，如果它不能實現決策目標，那麼它就是錯誤的。

阿莫德．哈默，西元一八九八年五月出生於美國的紐約市。他的祖輩是俄羅斯人，經營造船業。後來，異常天災毀掉了他家的財產。一八七五年，哈默的祖父攜全家來到了美國。

一九一七年，哈默在修完兩年的醫學預科之後考上了哥倫比亞醫學院，此時他父親的小藥廠陷入了困境。父親要他接管製藥廠，但不許他退學，哈默接受了。當時，哈默剛剛滿十九歲。

從小製藥廠到大製藥廠，再到西方石油公司，年營業額兩百億美元，擁有資產幾十億美元，哈默獲得了成功。哈默成功的要訣何在？這與他能夠審時度勢的判斷形勢，並提出正確的決策有著很大的關係。

第二次世界大戰爆發以後，因為戰爭造成了物品的短缺，美國政府下令不許穀物釀酒。哈默知道了這個消息後，預測到威士忌馬上就要成為搶手貨。當時美國釀酒廠的股票為每股九十元，而且以一桶威士忌作為股息，哈默立即買下了五千五百股，並因此得到了作為股息的五千五百桶威士忌。

果然，市場上很快便短缺威士忌，哈默不失時機的把桶裝威士忌改為瓶裝，並貼上了

「製桶」的商標賣出。於是，哈默的「製桶」牌威士忌大受歡迎，買酒的人排起了長龍般的隊伍。當哈默的五千五百桶賣掉兩千五百桶的時候，一位叫艾森伯格的化學工程師前來拜訪哈默。這位客人講，如果在威士忌酒中加上百分之八十的廉價馬鈴薯酒，數量可增加五倍，而且這種混合酒的味道也不錯。

哈默遵照這位工程師的建議做了實驗和科學分析，證實他說得沒錯。於是，哈默將所剩的三千桶威士忌變成了一萬五千桶，並把這種酒定位「金幣」商標。在當時缺酒的年代，「金幣」酒照樣十分暢銷。哈默用這三千桶威士忌摻入價錢極便宜的馬鈴薯酒，賺了更多的錢。不久，他乾脆買下了一間馬鈴薯酒廠，並且大量的生產馬鈴薯酒，繼續大量的生產「金幣」混合酒，獲得了很高的利潤。

不久，美國政府從一九四四年八月一日起決定穀物開放，不再限制用穀物釀酒了，這對哈默來說是一場災難。但是，哈默立即又對形勢做了分析，他認為第二次世界大戰不會馬上結束了，美國的經濟也不會很快的好轉起來，因此，面臨選擇，哈默又一次顯示出把握國際風雲變幻大趨勢的卓越本領。他的馬鈴薯酒生產依然一如既往，沒有停頓。

果然，美國政府的戰時「穀物開放」只不過是曇花一現的「時尚」而已。一個月之後，「金幣」牌混合酒又一次成為酒類市場上的「寵兒」。

由此可知，哈默的成功，主要得益於他那才思敏捷、勇於冒險和不為時尚所左右的、掌握競爭趨勢的傑出商業素養。所以說，要想獲得正確的決策方案，就必須做好決策形式的分析工作。

領先變化，就要有遠見，能夠準確的判斷未來的趨勢，在這些趨勢發生之前先做好準備。市場環境瞬息萬變，企業只有在變化中不斷調整發展策略，保持健康的發展活力，並將這種活力轉變成慣性，透過有效的策略不斷表達出來，才能獲得並持續強化競爭優勢，在變化中成為市場上最大的贏家。

伴隨著全球化技術革命的發展和網路時代的到來，創新也不再僅僅是對市場需求的快速反應。在做好今天的同時，企業更需要關注未來的發展，企業領導者更要有富於前瞻性的策略眼光。領先市場需求一小步，就是推動企業發展一大步。

由於成功運用了流水生產線，福特公司的汽車創造成本一下子下降了很多。到一九二四年，福特 T 型車的售價已降至不到三百美元，這個價格低於當時馬車的價格。當時沒有任何一家汽車公司有能力將汽車成本控制到福特汽車成本之下，福特始終占據著價格優勢，這種優勢使福特成為美國汽車行業的霸主。

如果說福特的成功是源自抓住了消費者渴望廉價汽車的心理，那麼導致福特痛失行業霸

主位置的主要原因就是忽視了消費者的需求變化：隨著汽車走進了千家萬戶，消費者開始對汽車的時尚性有了需求。

通用汽車將民眾的願望變為了可能，他們開發出著名的Duco漆，它使汽車噴漆的乾燥時間從幾週縮短到幾小時，並為汽車的外觀提供了多種顏色方案。通用汽車的掌舵人斯隆在一九二四年的年度發展報告中，闡述了著名的「不同的錢包、不同的目標、不同的車型」的市場細分策略。他根據價格範圍對美國汽車市場進行了細分，每個通用汽車品牌的產品都針對一個細分市場。

通用汽車的努力獲得了豐厚回報，從一九二〇年代中期到一九五〇年代的二十多年間，通用汽車的年度銷售量翻了兩倍，很快就超過福特汽車，成為美國汽車市場上新的霸主。

正是看到了消費者消費需求的變化，使通用獲得了超越福特的機會。在汽車工業發展史上，但凡哪家企業率先發現需求變化，必定大獲成功。在一九七〇年代初期，中東戰爭爆發，全球爆發石油危機，這為一直對美國市場伺機而動的日本汽車公司迎來了機會。

在這一年，以豐田為首的日本汽車工業，敏銳的發現到了民眾對小排氣量汽車的需求。日本汽車率先帶頭，他們減少了對耗油量大的大型汽車的投入，轉而全力發展節能小型車。不出三年，日本汽車向美國出口的汽車量已經超過日本國內銷量，在美國市場上的風頭全面壓過福特、通用和克萊斯勒。

錯失小排氣量汽車發展良機的克萊斯勒公司，開始尋找新的市場需求，他們把眼光停留在廂型車上。傳統廂型車的空間不夠大，不能滿足消費者旅行的需要，但小貨車又不夠輕便。一九八三年，克萊斯勒公司開發出介於傳統廂型車和小貨車之間的廂式旅行車系列，從而開闢了旅行車這一細分市場，成為這一市場的領軍企業。

一個決策是否正確，能否順利實施，它的影響和效果如何，這不僅取決於決策者本身，同時還直接取決於決策的情勢，受到一系列自然環境和社會環境的制約。

⑦ 做決策需要勇氣

杜拉克箴言

做決策不僅需要判斷力，更需要勇氣。

杜拉克認為，利潤與風險成正比。越是最危險的地方，越是有最大的利潤。這是經商的要義。許多人對此都是再熟悉不過的了，但行動上卻缺乏真工夫。原因何在？就是在決策時

缺乏冒險的勇氣。

韋特萊法則是一個很通俗易懂的道理，每個人都能明白，卻很少有人能做到，正如每個人都夢想能夠成功，卻很少有人將其化作思想，付諸行動。韋特萊法則對大多數人是一種鞭策，對成功者是一種激勵，大多數人需要改變自己的行為，成功者需要沿著成功的路繼續前行。

韋特萊法則告訴我們創新就在身邊，成功僅離我們一步之遙，關鍵在於我們是否能夠留心觀察、留心發現，並能用我們的信心、勇氣和恆心，及時、迅速的付諸行動。管理者要先有超人之想，後有驚人之舉，能做到不落俗套，就可不同凡響。

林肯就是一個能夠成功運用韋特萊法則的成功領導者。美國內戰結束後，法國記者馬維爾去採訪林肯，他問道：「據我所知，上兩屆總統都想過廢除黑奴制度，《解放黑奴宣言》也早在他們那個時期就已草擬，可是他們都沒拿起筆簽署它。請問總統先生，他們是不是想把這一偉業留下來，讓您去成就英名？」林肯答道：「可能有這個意思吧。不過，如果他們知道拿起筆需要的僅僅是一點勇氣，我想他們一定非常懊喪。」

馬維爾一直都沒弄明白林肯這句話的含義。

林肯去世五十年後，馬維爾才在林肯致朋友的一封信中找到答案。林肯在信中談到幼年時的一段經歷。

「我父親在西雅圖有一處農場，上面有許多石頭。正因為此，父親才得以以較低的價格買下。有一天，母親建議把上面的石頭搬走。父親說，如果可以搬，主人就不會賣給我們了，它們是一座座小山頭，都與大山連著。有一年，父親去城裡買馬，母親帶我們在農場裡工作。母親說，讓我們把這些礙事的東西搬走好嗎？於是我們開始挖那一塊塊石頭。沒花太長時間，就把它們都弄走了，因為它們並不是父親想像的山頭，而是一塊塊孤零零的石塊，只要往下挖一英尺，就可以把它們晃動。」

每個人都想成功，但在真正面對現實時，許多人卻又表現得無所適從。慢慢的，他們會覺得成功是人才才能辦到的事，自己是沒什麼指望了。因為有很多人都這樣想，就註定了只有一小部分人能獲得成功。其實，所謂成功者，與其他人的唯一區別就在於，別人不願意去做的事，他去做了，而且全心全力的去做。所以，成大事其實只需要那麼一點點勇氣。

讀到這封信的時候，馬維爾已是七十六歲的老人，就是在這一年，他正式下決心學中文。據說三年後的一九一七年，他在廣州旅行採訪，是以流利的中文與受訪者對話的。

企業的產品和服務最終都是為人服務的。以優質可靠的產品、真誠的服務，做別人想不到、不敢想、不願做的事，企業才能獲得別人無法獲得的成就。

成功的企業家總是在別人看不見希望的地方看到了希望，於是他們的投資總會收到意想不到的回報。一九九六年年底，低迷的香港房地產開始恢復了一些生機，地價、房價開始回升。銀行經過一年多的「休養生息」也逐漸恢復了元氣，已有足夠的能力重新資助房地產業。房地產商們又開始蠢蠢欲動，準備放手一搏，一掃前段日子的晦氣。

然而，就在此時，中國爆發了轟轟烈烈的文化大革命，並很快波及香港。一九六七年年底，北京發生了「火燒英國代辦處事件」，並觸發了香港的「五月風暴」。

香港人心惶惶，從而引起了第二次世界大戰後香港第一次較大的移民潮。這使得剛剛出現一線曙光的香港房地產業，再次轉入迷霧籠罩之中。

這次移民以有錢人居多，他們紛紛賤價拋售房地產。新落成的樓房無人問津，整個房地產市場賣多買少，有價無市。房地產商、建築商們無不焦頭爛額，一籌莫展。

擁有數個土地、房產的李嘉誠也是憂心忡忡，坐立不安。他時刻注意聽廣播、看報紙，密切關注著事態的進一步發展。

李嘉誠從香港傳媒上得到的全是「不祥」的消息。但他明白，香港的「五月風暴」與中國「文革」有直接關係，李嘉誠也透過一些管道看到了中國一些群眾組織散發的小報，他從中獲悉，八月份中國的情況逐漸得到控制，趨於平息。據此看來，香港「五月風暴」也不會持續太久。而且，李嘉誠堅信，世事紛爭，亂極則治，否極泰來。

正是基於這樣的分析，李嘉誠毅然做出了「人棄我取，趁低吸納」的歷史性策略決策，並且將此看作千載難逢的拓展良機。

於是，李嘉誠在整個大勢中逆流而行，在整個房地產市場都在拋售的時候，他卻不動聲色的大量吃進。

此時，許多移居海外的業主，急於把未脫手的住宅、商店、飯店、廠房賤價賣出去。李嘉誠認為這是拓展的最好時機，於是他把塑膠利潤和房地產收入積存下來，透過各種途徑捕捉售房賣地的資訊。

李嘉誠將買下的舊房翻新出租，又利用房地產低潮時期建築費低廉的良機，在土地上興建房地產。李嘉誠的行為確實需要非凡的膽識和氣魄。不少朋友都為他的「冒險」捏著一把汗；同業的房地產商，也在等著看他的笑話。但李嘉誠依然不改初衷，繼續逆潮流而行。

這場第二次世界大戰後最大的房地產危機，一直延續到一九六九年。歷史又一次證明了李嘉誠的判斷是正確的。

一九七〇年，香港百業復興，房地產市場轉旺。這時，李嘉誠已經聚積了大量的收租房地產。從最初的十二三萬六千三百坪，發展到十萬五千九百坪，每年可獲得的租金收入即達

三百九十萬港元。

李嘉誠成為這場房地產大災難的大贏家。他利用過人的膽識，把別人臆想的災難變成了自己的機會，這也為他後來成為房地產巨擘奠定了基石。

有人說李嘉誠是賭場豪客，孤注一擲，僥倖取勝。或許只有李嘉誠自己心裡清楚，他的驚人之舉，含有多少賭博成分。

應這樣說，在這場夾雜著政治背景和人為因素的房地產大災難中，無論是誰，都難以對前景做出準確的預測。因而，說李嘉誠的決策有十足的把握是不現實的。

客觀的說，李嘉誠的行為是帶著冒險性的，說是賭博也未嘗不可。

但是，李嘉誠的賭博是建立在對形勢的密切關注和精確的分析之上的，絕非盲目冒險。

那麼，他的判斷依據是什麼呢？

李嘉誠認為，任何一個產業，都有它自己的高潮與低谷。在低谷的時候，相當大的一部分企業都會選擇放棄。有的是由於目光短淺而放棄，有的是由於資金不足等各式各樣的原因而不得不放棄。這時就應該靜下心來認真分析一下，是不是這個行業已經到了窮途末路，是不是還會有高潮來臨的那一天。

如果這個產業仍處於向前發展的階段，僅僅是由於其他一些原因才暫時處於低潮，就應選擇在「別人放棄的時候出手」了。這個時候出手可以少走很多彎路，從而以比較低的成本獲得較高的收益。

俗話說：無風險不成生意。因此，做任何生意都不可能十拿十穩，多少會有一點冒險成分。風險有多大，利益就有多大。這就需要根據各種情況進行分析。一些膽子大的商人，只要有五成勝算就敢冒險；膽子小的，非有八成以上勝算便不敢採取行動。一般來說，風險與利益成正比。前者勇於冒險，很容易倒大楣，也很容易爆發；後者比較穩當，卻難以快速成長。

⑧ 成功的決策不能脫離市場資訊

杜拉克箴言

沒有盡善盡美的決策。

杜拉克認為，作為管理者，你最需要的資訊不僅僅在商業領域，是關於外部世界的資訊，而電腦裡根本沒有這樣的資訊，這不存在。你聽了會很吃驚，許多公司對關於客戶和非

客戶的外部資訊根本一無所知，在很多時候，他們是得不到這些資訊的。

隨著網際網路技術的發展，資訊的採集、傳播和規模都達到了空前的水準，實現了全球資訊的共用與交流，將世界進一步的連結為一體。但與之俱來的問題和「副作用」是：洶湧而來的資訊有時使人無所適從，從浩如煙海的資訊海洋中迅速而準確的獲取自己最需要的資訊變得非常困難。面對如此大量的資訊，即使一天二十四小時不間斷閱讀也難於看完，更何況，其中還摻雜著大量無用的，甚至不真實的資訊。

一個出色的管理者，想要做出正確的決策，首要任務就是做到要有選擇性的搜集有效資訊。有效資訊就是資訊中能夠支撐和加強有效溝通的內容，它與冗餘資訊相對應。在傳播中，有效資訊是需要傳遞到使用者的內容以及對使用者構成影響的內容。

在現代企業管理模式中，資訊作為企業理念的載體，需要及時有力的傳播。有效資訊的及時更新與傳遞，成為企業長遠發展的必要行為。這就要求管理者能夠選擇性的搜集企業的有效資訊，並把有效資訊傳遞給相應的資訊需求者，他們包括企業的管理者和員工。

一九三七年，威拉德·馬利奧特在開設了第一家麥根啤酒店十年後，已經建立了由九家餐廳組成的連鎖事業。手下的兩百名熱心的員工都受過公司無微不至的服務顧客的培訓，馬利奧特的生意顯然運作順利，他計劃在隨後的三年裡把旗下的餐廳數目增加一倍。這家新興公司的前途從來沒有這麼燦爛過。

但是，在第八號餐廳出現的奇怪狀況，影響了馬利奧特的開拓計畫。第八號餐廳設在華盛頓胡佛機場附近，其顧客和馬利奧特其他餐廳的顧客完全不同，都是路過餐廳去搭飛機的旅客，他們買了正餐和零食就塞進包包、紙袋或隨身行李。馬利奧特有一次到第八號餐廳視察時問道：「現在的情形如何？我是說進來買東西到飛機上吃的事？」餐廳經理解釋說：「每天都會增加一些人。」

馬利奧特整晚都在想這件事。根據《馬利奧特傳記》作者羅伯特‧歐布萊恩的說法，第二天他就去拜訪了東方航空公司，創造出一種新的業務，由第八號餐廳用兩側有馬利奧特標誌和名稱的橘黃色貨車，把預先包裝好的餐盒直接送到跑道上，幾個月內，這種服務就擴大到美國各航空公司，每天負責供應二十二班客機的餐飲。馬利奧特很快就派出一位全職的經理負責這個新興的業務，並且負責在胡佛機場全力拓展，同時擴張到其他機場。馬利奧特從這個意外機會中開發出來的空廚服務，最後擴張到一百多座機場。

對馬利奧特來說，第八號餐廳不尋常的顧客是傳統基本顧客中奇異的變數，公司可以忽略他們，但是馬利奧特卻以迅速、勇猛的行動抓住了意外的好運氣，逐漸轉變了公司的策略。馬利奧特用他的成功經驗告訴我們，所有成功的企業，它所確立的經營哲學都是從外到

內、依據市場情況決定的。

在市場競爭中，企業管理者對資訊不是全盤收集，而是以市場為導向，緊緊圍繞企業產品的市場需求、提高產品的市場適應能力來收集資訊。這是企業能否實現企業價值，企業管理者能否實現自身價值的前提。

我們以 Sony 的決策為例。一九四七年，美國著名的貝爾實驗室發明了電晶體。相對於真空管而言，電晶體具有體積小、耗電少等顯著優點，許多專家都認為真空管將被電晶體所取代，但他們同時認為這種改變並非短期可以實現。

當時，盛田昭夫領導的日本 Sony 公司看到了電晶體帶來的龐大商機。此時的 Sony 公司還名不見經傳，只是一個做電鍋的小公司。盛田昭夫認為，真空管和電晶體都是電子設備的基礎元器件，電晶體的誕生，意味著一個電子應用全新領域的全面來臨，從這個層面上講，電晶體具有非常重要的策略價值。如果 Sony 能順應形勢，將快速成長為一家大公司。

於是，這家在國際上還鮮為人知，而且根本不生產家用電器產品的公司，以兩萬五千美元的低價從貝爾實驗室購得了技術轉讓權。兩年後，Sony 公司率先推出了首批攜帶式半導體收音機。三年後，Sony 占領了美國低階收音機市場，五年後，日本占領了全世界的收音機市場。

顯然，Sony 購買電晶體技術轉讓權並大舉進入收音機市場的決策是極其成功的。其實，盛田昭夫能夠做出如此成功的決策，就在於他獲得了兩個關鍵資訊：一是消費者希望電子產品越來越輕、越來越省電的消費期望，如果能夠推出質量輕、待機時間長的收音機，一定會大受歡迎；二是電晶體的研發成功，使消費者期望具有滿足的可能。所以，盛田昭夫相信，電晶體必然會為電子行業帶來革命，誰最先占據電晶體市場，誰就把握住了未來的需求，誰就能在市場中處於主動位置。

決策管理是企業管理中最為重要的部分，因為在市場競爭激烈的今天，決策正確與否直接關係到企業的生死存亡。企業的決策管理應包括決策方針、決策制度、決策責任、決策管理、決策成本和決策體制等，這些都需要以確切的資訊為基礎。

市場的潛在需求則需要企業領導者在市場調查和分析的基礎上發揮創造力和想像力，把握技術的發展動向，預測市場潛力，進行風險決策，激發企業力量，最佳化生產要素，調整生產管理方式，以創造需求。

什麼企業都不能脫離市場的資訊，一個領導者只有時時想著一切以市場為導向，才能獲利最大。為什麼有很多虧本的企業，那是因為它們生產的是不受消費者歡迎的、沒有市場價值的東西。好的企業懂得把從市場裡收集到的資訊加以綜合，然後開發、生產出更適合市場

要求、可以獲得更大利益的產品。

一個企業的管理者如果不能以市場為導向，而是坐在辦公室裡，這個企業是不會成功的。一個企業的管理者只有和消費者的想法一致了，供給的產品滿足消費者的需求了，企業才能做好做大。

以市場為中心進行管理定位，不是一種簡單的、現行的、因果式的關係，而是一種互動式的關係。企業需要透過市場調查和分析，確定各種需求的內容和邊界，最佳化生產因素，調整企業管理方式，建立起與市場溝通的強而有力的連結管道，建立快速、準確的市場資訊系統，才能實現獲利的目標。

對於企業管理者而言，要想成功決策，就需要掌握大量對決策有用的資訊。從某種意義上說，決策者能否做出正確決策，取決於他占有的資訊量的多少。其實任何方案都是需要論證的，所謂的論證就是在不斷的搜集資訊的基礎上，對方案提出質疑並進行完善的過程。

為了確保決策的正確性，在決策過程中還需要相關人員的參與。比如在市場決策中，讓一線銷售人員參與，會提高決策的準確度。讓相關人員參與決策，其實也是獲得利於決策的關鍵資訊的一種重要方式。

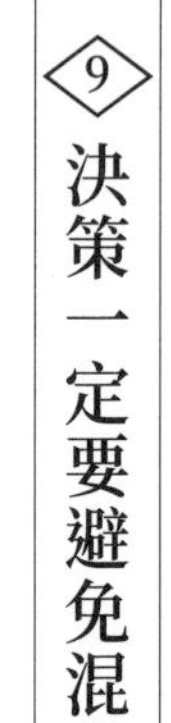

⑨ 決策一定要避免混亂

杜拉克箴言

真正的決策者一定會在決策時避免混亂，他們不會同時進行多種決策，而只會將精力集中在重大決策上。

決策是管理生活中的一個重要組成部分。決策者即為負責做判斷之人，他們通常要在兩個以上的選擇中，做出關鍵性的判斷。杜拉克認為，真正的決策者一定會在決策時避免混亂，他們不會同時進行多種決策，而只會將精力集中在重大決策上來。同時進行多種決策，會影響到對重要決策的思考深度及對其目的的深入把握。混亂的決策、不加選擇的決策、快速的決策都是值得懷疑的決策，因為這些決策都沒有深入分析市場資訊，從而陷入「決策陷阱」。

決策必須避免混亂，因為對於決策者而言，不能將眼光僅僅放在簡單解決問題的層面上。倘若如此，那麼決策者將陷入無窮的具體問題中而無法自拔。混亂的決策往往會造成決策力量的分散，使管理者忽視重要的策略決策。決策者應該擺脫「決策陷阱」，擺脫決策中的

混亂局面。不要迷信直覺，而是應該冷靜的分析現實、面對現實。決策者需要明白，自己不是消防隊長，哪裡有火就要奔到哪裡，自己的職責就是防止火災發生，預防才是決策，而行動僅僅是在執行決策。如果決策者不能冷靜下來分析決策的前提和現實的話，那麼就談不上決策的有效性。

為了避免決策混亂，決策者首先應該對決策進行分類。要按照優先原則，確定哪些是必須解決的策略決策，哪些是一般性的決策。決策者要居高臨下的理解企業發展所處的階段，明確未來市場的需要以及目前企業自身所具備的條件，然後全面權衡利弊，從而理性做出決斷。

其次，還必須防止決策中的隨意性，要盡量制定決策計畫，既不能輕易決策，也不能輕易改變決策。企業的生存與發展，決策是主要因素，有時甚至是決定性因素。同樣的企業，同樣的條件，因為決策者決策風格不同，企業的經營情況就會出現明顯的差異。

其實，雞蛋放在一個籃子裡未必就正確。但是，如果決策者僅僅奢望得到更多雞蛋、更多的籃子，而不仔細反思應該如何將雞蛋放到籃子裡去，這樣基本的決策問題，那麼失敗就是其註定的命運。

管理就是決策，決策就要謹慎，而且要慎之又慎。大多數管理者都將企業視為個人的成就，習慣個人決策，因此格外重視對企業決策權的控制。但企業要穩定成長，就一定需要建立群體決策的機制，來規避個人錯誤決策的風險，同時也避免決策混亂所帶來的嚴重後果，因為管理者個人的能力和視角總是有限的。

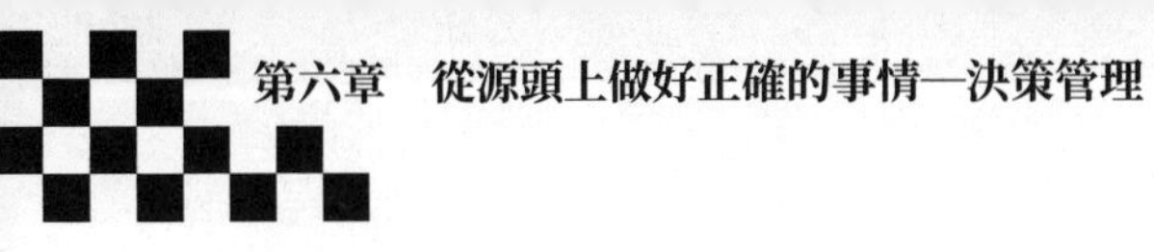

第七章

優良的組織結構才能做出效益——組織管理

只要能夠幫助員工提高績效，促使員工對企業增加貢獻，任何組織結構都是最好的。

——彼得．杜拉克

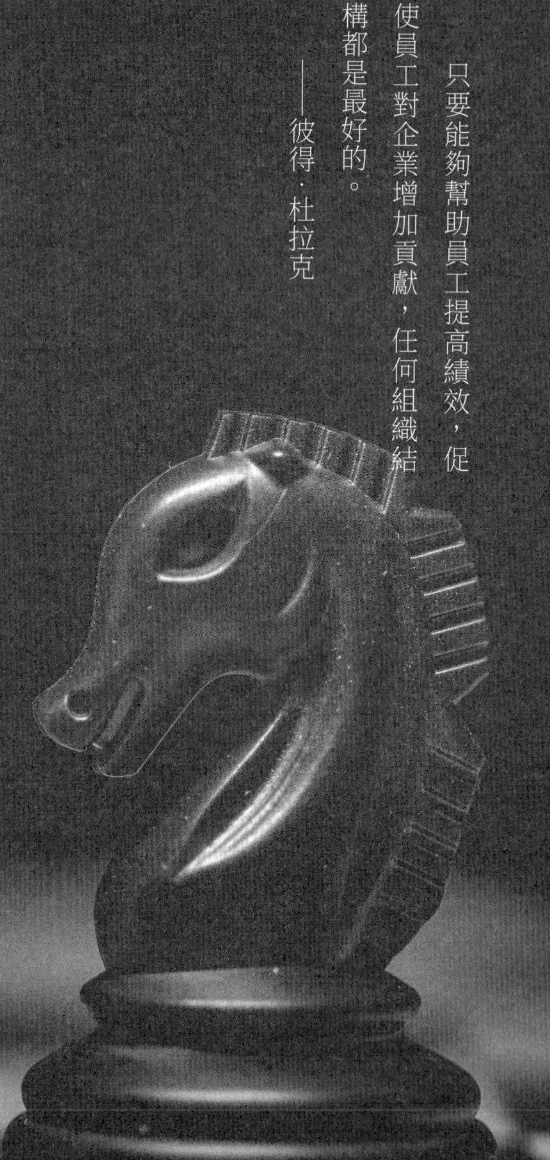

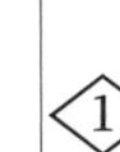建立溝通順暢的組織結構

杜拉克箴言

組織結構必須有助於溝通，而不是對溝通形成障礙。

杜拉克認為，能夠做成工作的最簡單的組織結構，就是最好的組織結構。不會產生問題的組織結構，就是好的組織結構。組織結構越是簡單，它出問題的可能性就越小。組織結構只是方法，而促進員工獲得成就才是最終目的。因此，組織結構必須為促進溝通助力，而絕不能成為組織內部上下溝通的桎梏。

美國達納公司是一家生產諸如銅製螺旋槳葉片和齒輪箱等普通產品，主要滿足汽車和拖曳機市場的需要，擁有三十億美元資產的企業。一九七〇年代初期，該公司的員工平均每人銷售額與全產業平均數相等。到了一九七〇年代末，在並無大規模資本投入的情況下，它的員工平均每人銷售額已猛增了三倍，一躍成為《幸福》雜誌按投資總收益排列的五百家公司中的第二位。這對於一個身處如此普通的行業的大企業來說，的確是一個非凡紀錄。

一九七三年，麥斐遜接任公司總經理，他做的第一件事就是廢除原來厚達五十七公分的

政策指南，代之而用的是只有一頁篇幅的宗旨陳述。其中有一項是：面對面的交流是連結員工、保持信任和激發熱情的最有效的方式。關鍵是要讓員工們知道，並與之討論企業的全部經營狀況。

麥斐遜說：「我的意思是放手讓員工們去做。」他指出：「任何一些做這項具體工作的專家，就是做這項工作的人，如不相信這一點，我們就會一直壓制這些人對企業做出貢獻及其個人發展的潛力。可以設想，在一個製造部門，在方圓零點七坪的天地裡，還有誰能比機床工人、材料管理員和維修人員更懂得如何操作機床、如何使其產出最大化、如何改進品質、如何使原材料流量最佳化並有效的使用呢？沒有。」他又說：「我們不把時間浪費在愚蠢的舉動上。我們沒有種種手續，也沒有大批的行政人員，我們根據每個人的需要、每個人的志願和每個人的成績，讓每個人都有所作為，讓每個人都有足夠的時間去盡其所能……我們最好還是承認，在一個企業中，最重要的人就是那些提供服務、創造和增加產品價值的人，而不是那些管理這些活動的人……這就是說，當我處在你們的空間裡時，我還是得聽你們的！」

麥斐遜非常注意面對面的交流，強調與所有人討論所有問題。他要求各部門的管理機構和本部門的所有成員之間，每月舉行一次面對面的會議，直接而具體的討論公司每一項工作

的細節情況。麥斐遜非常注重培訓工作和不斷的自我完善，僅僅達納大學，就有數千名員工在那裡學習，他們的課程都是務實方面的，但同時也強調人的信念，許多課程都由資深的公司副總經理講授。在他看來，沒有哪個職位能比達納大學董事會的董事更令人尊敬的了。

麥斐遜強調說：「切忌高高在上、閉目塞聽和不察下情，這是青春不老的祕方。」

有人說：一個人成功的因素百分之七十五靠溝通，百分之二十五靠天才和能力。企業管理者的協調管理也是如此。從企業內部環境看，現在，人們越來越多的強調建立學習型的組織、團隊合作精神等要素，這就是說，有效的企業內部溝通交流是成功的關鍵。從企業外部環境看，為了實現企業之間的競合與互補、行銷傳播，人們需要掌握談判與合作等溝通技巧；企業公關——處理好企業與政府、企業與群眾、企業與媒體等各方面的關係——也需要熟練掌握和應用管理溝通的原理和技巧。

應該說，能夠成為管理者的人幾乎都是高手，否則，他也不可能做管理者。既是高手，往往就會有一種優越感，覺得自己比下屬高一個層次，也就會跟他們無話可談、不重視他們的意見或建議了。這樣的高手只能說是在某一個方面厲害，確實不是一個完整的高手。成功的管理者首先是一個智慧的人，能清醒的認知自己的定位，也都是能夠掌握方向的人，並不是在所有的方面都最「強」，但一定是在所有的方面都最「會」。漢高祖劉邦曾言：談到運籌帷幄之中，決勝千里之外，我不如張良；鎮守國家，安撫百姓，供給糧餉，保持運糧道路暢通無阻，我不如蕭何；統帥百萬大軍，戰必勝，攻必克，我不如韓信。這三位都是人中豪傑，而我能任用他們，這就是我所以能獲得天下的原因。

中國古代有種說法：五味溝通之謂「和」，五音溝通之謂「諧」。有了和諧，才有了一切。要想達到和諧的境界，就離不開溝通。溝通是什麼？其本意就是指開溝而使兩水相通，後來引申到人與人之間、組織與組織之間、個人與組織之間，甚至國與國之間的交流來往。企業的和諧發展是一項系統工程，必須從個人和基層做起。一個堪稱完美的企業管理者往往習慣用百分之八十左右的時間與他人溝通，剩下百分之二十左右的時間用於分析問題和處理相關事務、構想未來。透過廣泛的溝通，他們使每一個員工都成為公司事務的全面參與者，都成為公司最能賺錢的員工。

應該說，溝通是促進整個組織團結協調的一個法寶。很多企業凝聚力不夠強，組織渙散，人心不穩，原因在哪裡？就在於內部缺乏有效的溝通，員工之間互相猜疑，誤會叢生，這自然影響團隊的整體力量的發揮，影響企業各項工作的發展。所以，企業的主要領導者應帶頭溝通，重點溝通，基層領導者應形成溝通的常態化，要積極營造溝通的氛圍。

還應該說，溝通是實施科學管理的有效方法。在管理工作中，良好的溝通可以集思廣

益，群策群力，避免策略決策上的失誤。從管理者與被管理者看，溝通可以拉近他們之間的距離，創造一種讓團隊成員在需要時可以暢所欲言的環境，激勵團隊成員不斷增強主人翁意識和責任意識，從而使管理的各項目標得以順利的實現。

當然，做到這樣不是一件容易的事情。實現更好的溝通，需要管理者付出信任和尊重，它只有在雙方平等的條件下才有可能實現——坦誠相見，才能找到共識。就管道來說，溝通可以有多種，正式的、非正式的，資訊溝通、情感溝通、決策溝通、民主溝通。但溝通的關鍵是如何用對方可以接受的方式來進行，不是管理者認為好的就好。針對不同的人，要採取不同的溝通方式，才能保證溝通的有效性。

你可以將溝通形成一種制度規範，如會議制度、座談制度等，明確溝通的內容、時間、場合，增強溝通的目的性和主動性。你也可以透過調查、談心、通報等形式，廣泛徵求員工的意見建議，達到想法一致、推進工作、實現和諧的目的。你還可以發揮團隊的積極作用，以企業文化的方式，多舉辦一些文藝演出、演講會、節日聚會等凝聚人心的活動，敞開管理者與一般員工之間的溝通管道，讓大家的智慧自覺的流進來。

這其中，你不能忽視非語言的溝通。有調查顯示，溝通中的百分之三十三是來自語言溝通，而百分之六十七是依靠非語言溝通。「不言之教」是老子一貫的管理思想。「教」是教化、引導。

從某種意義上說，管理的實質就是引導，是要將員工的思想、行為引導到企業所期望的軌道上，引導到實現企業的目標上。老子特別強調「身教」的作用。所以，管理者要在不斷提高溝通的藝術和技巧、提高溝通的意識和溝通能力的基礎上，透過自身的修練，身先士卒，為員工做出榜樣。這是最好的溝通。

 促進自我控制和自我激勵

杜拉克箴言

組織結構要能夠促進員工自我控制，並能激發自我激勵。

杜拉克認為，組織結構能使每個部門和每個人理解本身任務，同時又理解共同任務，了解如何使自己的任務符合於整體的任務，促進員工自我控制。好的組織結構能夠把每個部門和每個人的遠景，指向如何促進企業獲得成就而不是個人業績，能夠使員工在自我激勵下，快速將決策轉化為行動和成就。

英國維珍集團是一個聞名世界的大企業，在全球二十六個國家開辦了兩百多家公司，員工達到兩萬五千餘人。集團廣泛涉足飲食、旅遊、航空、飲料、婚紗禮物等各個領域，在世界上產生了廣泛的影響。

維珍集團的創辦者是理查·布蘭森，從二十六歲退學創辦《學生》雜誌開始，他在商場縱橫一生，一手把維珍集團發展壯大，現在他已擁有了三十億美元的龐大家產，成為英國首屈一指的大富豪。

他的公司雖說十分龐大，員工人數眾多，但因為他匠心獨具，精心運作，創建了一套行之有效的內部激勵機制，所以使公司始終煥發著無盡的生機，保持著平穩而正常的運轉。更令人稱絕的是，他獨樹一幟，別出心裁，首創了「把你的點子說出來」的創意機制，用來鼓勵員工獻計獻策，為集團的發展出主意、想辦法。

一般大公司的老闆都不願讓員工知道自己的電話號碼，以免員工找上門來，為自己帶來不必要的麻煩。但布蘭森卻偏偏反其道而行之，他把自己的直撥電話號碼公開，讓每一個員工都知道，只要員工想到了什麼好辦法，就可以以最快的速度傳遞給他。

接員工的電話雖說占用了他不少時間，但他樂此不疲，因為他從這些電話中確實得到了不少有用的主意，為他的決策提供了不少的幫助。他還非常願意和員工們直接對話，聽取他們的意見和建議。

但公司實在太大了，要辨認一個一個員工，都是一件很難的事情，更別說抽出時間來和他們一個一個的交談了。怎麼辦呢？

他又想出了另一個辦法，建立了另一套激勵機制。他的公司每年都要舉行一個宴會週，只要員工想出了好點子，都可以報名來參加宴會。他的宴會週盛況空前，最多的一次就達到了三千五百餘人。

集團的高階主管和他本人都親自參加宴會。在宴會進行的過程中，每一個員工都可以直接走到他面前，向他獻出自己的點子。

他覺得這還不夠，於是又親自下令，要求每個部門都要建立一套完整的制度，鼓勵員工為企業的發展獻計獻策，並且還要保證把這些點子以最快的速度上傳到他那裡。

在他的要求下，集團的每個常務董事都在當地餐廳常年預留了八個空位，不管是哪個員工，只要他想出了一個點子，就可以申請和常務董事一起共進午餐。他還一再要求各部門的經理向員工們徵集好點子、好建議、好構思，以供他決策之用。透過這一系列科學有效的內部激勵機制，他和員工們得到了經常性的溝通，整個集團達到了空前的團結，確保他在經營中採取更有效、更靈活的策略，促進了企業的全面發展。

為員工創造成功的機會，讓員工時時刻刻都有一個明確的奮鬥目標，就能大大的煥發員工的工作熱情，做出更加突出的成績。丸正食品連鎖店是日本的一家飲食企業，總經理飯塚正兵衛提出了「人人有店，就會賣力工作」的口號，大張旗鼓的實施「分號制度」。

他的做法是這樣的，只要員工賣力工作，替店裡做出了突出的貢獻，他就會出資幫這位員工開一家分店，讓這位員工當上老闆。

結果，員工的工作積極度空前高漲，都在為成為老闆而不懈努力。分店接二連三的開起來了，連鎖店的規模越來越大，經營效益也成倍的增加。

現代企業作為社會經濟生活中最具活力的領域和組織形式，往往被員工視為展示自我、實現自身價值的最佳平台。企業管理者要在人事安排上多費心思，力求做到盡善盡美；要充分考慮員工個人的興趣和追求，幫助他們實現職業夢想。管理者必須營造出某種合適的氛圍，讓所有員工了解到，他們可以從同事身上學到很多東西，與強者在一起只會讓自己更強，以此來幫助他們充滿熱情的投入工作──而不是停在那裡，對他們的際遇自怨自艾。

著名科學家愛因斯坦說過：「通常，與應有的成就相比，我們只能算是『半醒者』，大家往往只用了自己原有智慧的一小部分。」因此，對於管理者來說，最好的管理之道就是鼓勵和激勵下屬，讓他們了解自己所擁有的寶藏，善加利用，發揮它最大的神奇功效。

微軟對人力資源管理的原則是：需要人力時，立即到市場上去找最現成的、最短時間內能勝任某項具體工作的人。對人員培訓的原則是：百分之五透過培訓，百分之九十五靠自學和在職「實習」；公司業務在員工沒有能「跟著成長」時，就已被淘汰。而加盟到微軟的優秀人才，因為「適合」，所以承擔起了更多的挑戰性的工作。堪稱電腦神童的查爾斯·西蒙尼，他在微軟的成長歷程就是一個非常好的例子。

西蒙尼和蓋茲除了彼此出身不同外，他們有著許多相似之處。一九八〇年，西蒙尼在一個電腦大會上與比爾蓋茲和史蒂芬·巴爾默見了面。談話只進行了五分鐘，西蒙尼就決定到微軟公司工作。因為他發現比爾蓋茲所持的觀點卓爾不凡。他預感到在微軟公司將大有作為。

而當他進入微軟公司後，才發現自己的工作空間居然沒有任何的限制，他所選擇的工作也成了最富有挑戰性的工作。在一九八一年十二月十三日召開的微軟公司年度大會上，他成為了主角。

他在大會上陳述了開發應用軟體對公司發展具有的策略意義，一一列舉其他公司在軟體發展上已經獲得的成績，並強調指出，必須將公司的奮鬥目標集中在盡可能多的開發各種不同的應用軟體上，以便讓更多的電腦使用。以他為首的開發小組已完成了一種叫做「多計畫」軟體的設計，並投入試生產。

微軟提供的舞台讓西蒙尼找到了挑戰自我、挑戰極限的快感。在來到微軟之前，西蒙尼所在的電腦研究中心與史丹佛大學合作，研究出了一種新工具——滑鼠。由西蒙尼研發、供全錄公司的阿爾托電腦使用的文書處理程式，就是第一個使用滑鼠的軟體。

在應用軟體方面開發的初戰告捷，讓他意識到應用軟體的龐大市場前景，並產生了一個願望：要使應用軟體對微軟公司的貢獻超過作業系統。

西蒙尼提出的多計畫軟體未能打動當時微軟的合作方IBM公司，卻引起了蘋果公司的興趣。蘋果公司從微軟與IBM的合作中，看到了這家年輕公司蘊藏的龐大潛力。因此，它非常希望與微軟結成「策略夥伴」關係。

一九八一年八月，蘋果公司總裁史蒂芬·賈伯斯親率一批人員來訪問微軟公司。此時，蘋果公司正在研發麥金塔電腦，因此，希望與微軟公司聯手合作。西蒙尼向賈伯斯等人示範了「多計畫」，並談了對多工具介面的全面看法。

一九八二年一月二十二日，微軟公司與蘋果公司正式簽訂了合約。蘋果公司同意提供微軟公司三台麥金塔電腦樣機，微軟公司將用這三個樣機創作三個應用程式軟體，即試算表程式、貿易圖形顯示程式和資料庫。

賈伯斯可以選擇把應用程式與機器包含在一起，付給微軟公司每個程式費用五萬美元。

限定每年每個程式一百萬美元，或分開賣，付給微軟公司每份十萬美元，或提取零售價格的百分之十。蘋果公司允諾簽合約時預付五萬美元，接受產品後再付五萬美元。

而這所有的開發工作，最終都落到了剛到微軟沒多長時間的西蒙尼的頭上，其挑戰性不言而喻，但正是這挑戰性的工作，讓西蒙尼迅速脫穎而出，使他成為微軟公司的核心成員之一。在他亮相的這次年會上。西蒙尼的信心、凝聚力、策略眼光和雄才大略，讓所有員工留下了深刻印象。蓋茲稱他為「微軟的創造收入的火山」，這次演講也就被稱為「微軟的創造收入演講」。

隨著西蒙尼開發工作的不斷展開，微軟不僅擁有了日後得以稱霸應用軟體市場的 OFFICE 系列軟體，而且透過合作，從蘋果的麥金塔電腦的圖形化作業系統上學到經驗，推出了競爭性的作業系統軟體 WINDOWS，這兩大法寶成為了微軟日後源源不斷財富的聚寶盆。

對西蒙尼這樣的優秀員工的充分挑戰，讓微軟公司與兩大電腦公司 IBM 和蘋果都建立了合作關係，其發展前景是可想而知的。一般來說，和大公司合作的好處不僅能賺錢，也能大大提升自身市場形象，而良好的市場形象又能吸引大批人才和大批客戶，這可謂之良性循環。一旦進入這種良性循環狀態，即使老闆不怎麼費心賺錢，錢也會自動找上門來。

西蒙尼這種來自外部的「鯰魚」也啟動了微軟內部的競爭活力。當然在引進這些外來的

「鯰魚」，並充分給他們挑戰性的工作時，往往也會帶來一些麻煩，因為他們往往自視很高，又不熟悉企業的環境，容易與企業的內部組織形成衝突。蓋茲的做法就是給予足夠的發展空間，為「鯰魚」創造條件，讓他們有足夠的空間積極、主動的發揮才能，更意氣風發的投入工作，充分施展他們的所學，如果打算殺其銳氣而壓抑「鯰魚」，則必然適得其反。「微軟覺得，有一套嚴格的制度，你就會做一個很規矩的人，但你的潛力發揮到百分之七十就被限制住了，微軟要每個人都做到百分之百。特別是做軟體，需要人的創造力，所以微軟有一種激勵的文化，如果你現在的情況能做到百分之七十，那公司給你資源，公司給你方向，公司給你鼓勵，讓你去達到百分之百。」

 管理者要有勇於變革的勇氣

杜拉克箴言

好的組織結構不一定就會帶來好的績效。但是在不科學的組織結構下，企業即使再努力，也一定不會有好的績效。

杜拉克認為，要想使企業始終處在正確的組織結構下，管理者在關鍵時候必須有勇於變革的勇氣。

二〇〇六年，三星公司的股票飛漲，每股高達六百九十九美元，公司市值首次突破一千億美元，是日本著名的電子龍頭 Sony 公司的兩倍多。三星公司成為亞洲市場市值最高的公司之一，這在韓國也是首次出現。

作為全球消費電子領域的一匹黑馬，三星公司的成長並非一帆風順。公司剛剛建立時，生產的是仿造產品，而其中許多都是以日本著名電子企業的產品為基礎的。一九七〇年，三星公司還在為日本的三洋公司打工，製造廉價的十二吋黑白電視機。到一九七八年，三星公司便成了世界上最大的黑白電視機製造商。一九七九年，它與另外一家日本電子設備製造公司——夏普公司建立了合作關係，由此開始生產微波爐。一九八六年，三星公司不但能夠向日本出口產品，而且還將產品出口到歐洲和美國。這時，它已成為世界上最大的微波爐生產商。一九九〇年，三星公司憑藉其開發的 16M DRAM 晶片，在世界半導體製造商中排名第十三位。

在進行了幾年技術模仿後，三星公司意識到進步的唯一途徑，是從技術的跟隨者上升為技術的管理者，而這只有透過在所從事的每個領域內進行創新才可以做到。於是，三星公司

開始強調變革和創新。總裁李健熙甚至親自向日本、美國公司的工程師，就一些技術細節問題虛心求教。

現在三星在技術上已成為世界頂尖級的技術創新公司，在行動電話、行動裝置、平面顯示器以及超薄筆記型電腦等眾多領域，創造了一系列的尖端技術。三星為了創造出屬於自己的品牌，除了在數位相機、顯示器、音響等領域頻繁出擊之外，還對 Sony 最薄弱的部分──手機，展開了最猛烈的攻擊。

近年來，Sony 手機因缺乏創新、經營不善導致虧損。看到 Sony 的不足之處，三星決定在手機上下工夫。許多消費者認為最漂亮、最受歡迎的手機不是 Sony 而是三星，這完全顛覆了 Sony 在消費電子領域的頂尖角色。就這樣，三星從一隻「仿造貓」進化為「太極虎」。

這距離三星電子的「超越」策略──二〇〇五年以前把全球銷售收入成長兩倍，從而一舉超過 Sony──還有差距，但並不影響三星電子作為一個「模仿」神話而成為諸多企業推崇的對象。把三星和 Sony 類比，是有點「青出於藍而勝於藍」的期待在內。幾年前的三星，正是 Sony 的模仿者，而現在，許多企業則成了三星電子的模仿者。

要想創新，必須走出自己的路來。老跟在別人屁股後面學，充其量只會落下「模仿者」之名。其實，創新都是有個性的，沒有個性的創新只是機械的模仿。創新之初，模仿成功者的模式是可以的，但不能一味模仿而不求突破。模仿是過程，創造才是根本。

④ 任何組織都無法避免團隊摩擦

杜拉克箴言

沒有任何一種組織結構是完美無缺的，任何組織都難免有衝突、矛盾和混亂。

杜拉克認為，任何組織結構都無法避免團隊內部的摩擦。每一個團隊成員都有著自己獨特的個性，因此衝突難以避免。但以衝突來提升戰鬥力又是團隊建立必要的一種方法。鯰魚效應在團隊建立中屢試不爽。漁民會在運輸沙丁魚的過程中放入一兩條鯰魚。鯰魚的加入刺激了沙丁魚，使沙丁魚隨時保持著活力，存活率大為提高。同樣的道理，要想使團隊保持活力，管理者要像漁民那樣，懂得引入鯰魚。

一九六〇年，京瓷公司的工人還只是拿薪水，他們與京瓷十幾個創業的幹部不同，創業者在公司人人都有股份，而他們則是道道地地的打工者。但是，在工作負荷上，公司創始

人稻盛和夫按照小時候的拚命精神來要求他們，總是讓他們拚命工作到深夜。稍有遲滯或失敗，稻盛和夫就毫不留情的責罵他們。久而久之，工人們怨聲載道，日積月累的不滿情緒終於發展成抗爭，十一名員工突然向稻盛和夫遞交了抗議書，他們集體在抗議書上按下血手印，並提出減時、加薪、增發獎金等項要求，否則將集體辭職。

這時，稻盛和夫可以採取兩種做法：一是先答應加薪要求，留下重要員工，再各個擊破；另一個是讓他們集體走人，但公司要受到極大的傷害。但是在這種情況下，稻盛和夫沒有亂了方寸，他對大家說：「要公司保證你們將來的薪水，我不能打包票。在錄用你們時，我曾經說過，公司剛剛成立，讓我們共同努力。今後公司的前景如何，我也沒有把握，拿不清楚的東西向你們保證，那是騙人的。但是，雖然不能保證，但我一定會為大家的利益盡力而為。」

稻盛和夫的說服工作一直進行了三天三夜。他沒有向人們空許願，而是講道理。終於大多數員工回心轉意了，但還有一個人堅持，他說：「大丈夫一言既出，駟馬難追，說過辭職就不能反悔。」稻盛和夫說：「我要是騙你的話，你拿匕首來刺我好了，我已經做好了切腹的準備，想要和我決鬥也可以。」管理者的話落地有聲，感動了全體員工，他們收回了自己的辭呈。就這樣，稻盛和夫以自己的真誠和對員工的尊重，有效消除了與員工的衝突。

衝突在任何團隊中都是不可避免的，團隊中蘊含著異議及分歧，這是團隊領導者經常要面對的重要問題。在管理學中，衝突可以分為兩種，即功能正常的衝突（簡稱良性衝突）和功能失調的衝突（簡稱惡性衝突）。區分的標誌就是看其對團隊的績效是否有正面影響。如果能把團隊內的良性衝突維持在一定水平，不僅不會破壞成員間的關係，還會促進彼此的溝通，從而提高決策品質，產生更多的創新方案，最終提高團隊績效。

目前，大多數團隊領導者已經意識到，團隊中的衝突是不可避免的，不能指望成員一直相安無事。因此，作為優秀的管理者，一定要具備妥善處理內部矛盾衝突的能力。如果某一種衝突必須管理者進行處理時，管理者花時間詳細了解一下衝突的緣由還是很有必要的。

首先要釐清衝突雙方當事人的情況。這場衝突都有什麼人捲入了？是上級和下級之間，還是同級之間？哪個部門的人參與了這次衝突？衝突雙方各自的目的是什麼？雙方各自的價值觀、人格特點以及情感、資源因素是怎樣的？實際上，假如管理者在看待衝突時，能站在發生衝突雙方的角度上的話，那麼，衝突處理的成功率將會大大的提高。

接下來，管理者還要把引發衝突的原因找出來。衝突的發生是多方面的因素造成的，不可能在真空中形成，它的出現肯定有其原因。要明確解決衝突的方法，很大程度上還要取決於發生衝突的緣由。有各式各樣的原因能引發衝突，但整體看來可分為三種類型：

第一種，溝通上的差異。一般情況下，人們普遍認為大部分衝突是由於缺乏溝通而引發的，但實際上，在諸多衝突中，已經有諸多的溝通在時刻進行著。乍看上去，人際衝突是溝通不暢所致，但是仔細分析則可以看出，有異議的衝突一般是由於不同的角色要求、組織目標、人格因素、價值系統等所引發的。

第二種，結構上的差異。組織中存在著水平和垂直方向上的分化，這種結構上的分化導致了整合的困難，不同個體在目標、決策變化、績效標準和資源配置上意見不一致。這些衝突並非由不良溝通或個人想法造成，而是由組織機構本身所造成的。

第三種，人格上的差異。背景、教育、培訓等這些因素，塑造了每個人具體而獨特的個性特點和價值觀，其結果是，一些人的特點使得別人很難與他們合作。有的人可能令人感到尖酸刻薄、不可信任，這些人格上的差異也會導致衝突。

只有管理者充分了解了衝突的緣由，才能相應的做出解決衝突的對策。

在企業內部，衝突的存在是必然的，但如果管理者不能夠好好的進行協調，就可能使衝突擴大，甚至變得無休無止，成為企業發展的阻礙力量。因此，管理者要做好協調工作，採取不同的方法，剛柔相濟，將衝突控制在一個合理的範圍內，從而達到化解衝突的目的。

如果涉及原則性的問題，管理者一定要堅持自己的立場，堅決果斷的處理。但在處理過程中一定要態度誠懇、以理服人，而不是採用強制手段，以權壓人。

例如，對於一些員工違紀問題，一旦部門之間、上下級之間產生衝突，處理不及時或處理不慎，都會引起問題的擴大。所以，管理者要及時處理和協調，避免衝突失控，影響到企業的正常生產經營活動。如果任由衝突發展，就會超出合理化的範圍，成為讓管理者頭疼的難題。

而對於那些不影響企業生存發展的小問題，管理者就不必抓住不放了。在企業內部出現的問題，大多是人際關係上和具體工作細節中的衝突，管理者要採用柔性方式，有耐心的進行處理。

此外，管理者在處理糾紛和矛盾時，還要注意公平和公正。如果管理者加入一方去攻擊另一方，則會讓員工感受到偏見和包庇，很可能使一個小衝突變成一場大衝突。

管理者和員工之間的意見不一致，甚至衝突，也是不可避免的。對於這樣的衝突，管理者尤其需要慎重對待，如果自己的意見受到質疑，管理者要做的是耐心聽取員工的意見，而不是當即運用手中的權力加以制止。一個聽不進不同意見的管理者，只能使自己變成「孤家寡人」，失去員工的信任和擁戴。管理者要尊重員工的意見，這樣才能最大化的激發員工的潛能和創造力，為管理者的決策提供更多的資訊。所以，管理者不但不能控制員工的不同意

見，反而要鼓勵和支持員工：爭論和衝突能夠開拓人的思維，將想法引導到新的領域裡，這樣的最終決策便能成為管理者和員工的共同意見，也有助於決策的順利實施。

一個有合理化衝突的企業才是一個生機蓬勃的企業，管理者要珍視企業內部的合理化衝突。但如何對衝突進行引導和協調，使衝突成為企業發展的動力，這是考驗管理者能力的關鍵。在解決衝突的過程中，不論你所用的具體措施是什麼，但堅持「和而不同「的基本原則是必須的。重大體，顧大局，萬眾一心如一人，這才是企業最大的「和」。

管理者和員工之間有了不同的意見，更應該掌握問題的關鍵，不能怕有意見分歧而獨裁專斷。對於管理者來說，只要大家的價值觀念和目標是統一的，就是「和諧」，而在一些具體的細節問題上，存在一些小分歧是可以理解的，不必把事情人為的複雜化，這樣才能把事情處理好。如果管理者認為員工的不同意見是對自己權威的侵犯，就會用自己手中的權力來制約員工，這樣的管理只能把簡單的事情變複雜。下面這家公司的做法就充分展現了「和諧」的企業管理氛圍。

在一家教育設備公司，員工可以自由彰顯自己的個性，而不是時刻去注意上司。公司的員工可以隨時隨地對自己的上司說「不」，因為這裡蔑視權威而崇尚「真理」。在「和而不同」思維的指引下，人們討論問題時，常以挑戰者的姿態出現，毫不留情的指出問題的所在，無論被挑戰的人是同事還是上司，而且挑戰者還會提出建議來幫助被挑戰的人。在挑戰性討論中，職位的高低並不在考慮範圍之內，每一個員工都可以自由的表達自己的意見，每個人的意見都會得到尊重。在這樣的平等氛圍下，衝突和矛盾自然可以輕鬆化解。

⑤ 無為而治，讓下屬自主工作

杜拉克箴言

用獨立自治的組織管理代替專制，是擺脫專制的唯一途徑。

杜拉克說：「在我們這個組織化的多元社會中，如果組織無法各司其職、獨立自治，我們也就不會享有個人主義，人們也不會擁有一個能為他們提供實現自身價值的社會。相反的，我們會把自己禁錮在任何人都無法獨立行事的困境中。我們有的只能是極權主義，而不是大眾參與式的民主，更別提隨心所欲的自由行事了。因而可以說，如果沒有強大的、運轉正常的獨立性組織，專制將是唯一的宿命。」

在德國的主要航空和航太企業 MBB 公司，可以看到這樣一種情景：上下班的時候，員工

把專用的身分 IC 卡放入電子計算儀器，馬上顯示當時為止本星期已工作時間多少小時。MBB 公司允許員工根據工作任務、個人方便等因素，與公司商量決定上下班時間。原來，該公司實行了靈活的上下班制度。公司只考核員工工作成果，不規定具體時間，只要在要求期間內按照品質完成工作任務就照付薪水，並按照工作品質發放獎金。由於工作時間有了一定的機動，不僅讓員工免受交通擁擠之苦，還讓員工感到個人權益受到尊重，產生強烈的責任感，提高工作熱情，公司也因此受益匪淺。

法國斯太利公司也同樣摒棄了各種限制，對員工實行非常人性化的管理。該企業根據輪換班次的需要和生產經營的要求，把全廠員工以十五人為一組，分成十六個小組。每組選出兩名組長，一位組長負責培訓，召集討論會和製作生產紀錄；另一位組長主要負責留意生產線上的問題。廠方只制定總生產進度和要求，小組自行安排組內人員工作。小組還有權決定組內徵才和對組員獎懲。該廠實行「自我管理」後生產力激增，成本明顯低於其他工廠。

春秋末年，道家學派創始人老子在《道德經》中提出了這樣一種無為而治的統治思想：「我無為而民自化，我好靜而民自正，我無事而民自富，我無欲而民自樸」、「為無為，則無不治」。一九七〇年代，西方管理學界提出「不存在最好的管理方法，一切管理必須以時間、對象為前提」的權變管理方法，二十多年來一直在管理學界經久不衰。管理的最高境界就是不用管理，「管理」是相對而言的，沒有絕對的好，也沒有絕對的不好，它是一個對立統一的有機體。

企業管理的一個較高的境界就是弱化權力和制度，以文化和理念為方式，實現員工自主管理，在共同的價值觀和企業統一的目標下，讓員工各負其責，實現員工的自我管理、自主操作。

要實現這個目標就要求管理者必須注意發揮員工的自主性，實現員工的自我管理、自我規範，從而激發員工的工作積極度，自覺的完成本職工作，並主動追求最佳方法和最優效率，為企業創造最佳業績。

聯邦快遞公司就是其中的一個典型。在聯邦快遞裡，員工可以按照自己的方式行事，不論是主管、快遞人員還是客戶服務人員，都擁有非常大的工作彈性。聯邦快遞十分注重發掘員工的自主性，其管理者努力為員工創造一個有極大自主性的工作氛圍，也大大提高了企業的競爭力。舊金山黑森街收發站的高階經理瑞妮在聯邦快遞一待就是十五年，其最主要的原因便是，在這裡工作可以享有充分的自主權。從她做快遞員時起，她就可以自主的安排自己的工作。即使成為高階經理一一負責年收入超過五百萬美元的部門、每天處理三千五百個包裹的業務、管理近三百名員工，她仍然覺得相當獨立、自由，只要上司認同她的目標，她就

完全可以自行決定如何做事。瑞妮說：「我的上司不會對我說：『妳的工作有問題』或『妳的遞送路線沒有安排好』，我自己有一套獨立的訓練計畫，品管小組和路線安排全由我自己做主。我非常喜歡現在的一切。」

來自第一線的員工也有同樣的觀點。一名快遞員說：「我喜歡和人們交談。喜歡這種與人接觸的自由，我認為，在這方面我是專家。」另一位說：「如果我做好分內工作，主管們就會放手不管。我喜歡這樣的自由。」即使是貨車司機都可以自行決定收件與送件的路線，並和顧客商量特殊的收件方式。在聯邦快遞，所有的人都有同樣的感覺——「工作一點也不會無聊，而且時間過得很快。」

正是這種工作上的自主性，使聯邦快遞飛速發展著，每一個聯邦快遞的員工都在享受著工作的樂趣。從表面上看，負責協助顧客尋找包裹的追蹤員似乎受到較大的限制，但是他們卻認為自己工作中最好的部分，就是享有很大的自由：「我們時常必須在電話中接觸充滿焦慮的顧客，但沒有工作手冊告訴我們應該怎麼交談：公司非常信賴我們。」另一名追蹤員也說：「雖然公司有七名主管，他們卻從不緊盯著我們。主管讓我們知道他們的期望，如果我們所做的不符合期望，他們就會說明。不過，主管絕不會實行鐵腕手段的管理。」

在聯邦快遞位於曼菲斯的總部內，行政人員也同樣享受著工作自主性帶來的樂趣。一名在收款部門服務的員工表示：「我只是把工作規則當作參考，保留使用與否的自由，甚至調整為最適合我的指南。」

當然，聯邦快遞公司也有一些標準來規定員工的工作，例如要求同一路線每公里每小時應該收取或遞送的包裹數量。聯邦快遞十分注重時間和效率，可是從不用碼錶計算快遞人員遞送快件的時間。

在聯邦快遞，任何人都可以自由選擇管理工作，也可以隨時更換職務，條件是只要他能證明自己能夠勝任。聯邦快遞從不認為把員工死死的壓在某個職位上就好，相反的，他們認為自由和自主才是效率、熱情、負責精神等等的來源。企業除非讓員工獲得工作的自主權，否則終將毀滅。

充分尊重員工的工作自主性，就是聯邦快遞成功的一大祕訣，這也是應該被現代企業學習的一種管理方法。在企業統一目標和共同價值規範的前提下，在溝通、協作、創新、競爭的平台上，允許員工使用自己的工作方法和技巧，這樣才能形成員工與企業共同發展、共同成長的雙贏局面，才能提高企業的競爭力，並不斷發展壯大。

大量事實告訴我們，硬性規章制度往往達不到企業管理者的預期效果。透過對成功企業管理經驗的調查發現，好員工不是管出來的，而是表揚出來的。賞識是遠遠好於「管」的一種員工管理方法。只有從心底覺得被尊重的時候，員工才會有高山流水遇知音的共鳴，才會產生那種「士為知己者死」的情懷，這樣才會振奮士氣，提高工作效率。

⑥讓資訊在組織內部暢通

杜拉克箴言

組織層級越多，組織就會越僵化，也就會延緩決策的進程。

杜拉克認為，根據資訊傳播規律，每傳輸一次，所傳遞的資訊就會流失一半，而不正確的資訊卻在同步增加。通常，一個部門到另一個部門的資訊流動，會遇到障礙或者被歪曲。公司的規模越大，人們分享資訊、做出一致的決策和調整其優先業務的難度就越大。決策的速度變慢，執行力的優勢就被削弱。好的組織結構，一定要讓有效資訊在組織結構內部暢通。

無獨有偶，原MCI電信公司總裁麥高文，每隔半年便召集新聘用的經理開一次會議，在會議上他總會說：「我知道你們當中有些人從商學院畢業，而且已經開始在繪製組織機構一覽表，還為各種工作程序撰寫了指導手冊。我一旦發現誰這麼做，就立即把他解僱。」

每次開會的時候，麥高文都會明確表達這樣一種觀點：每一位員工，包括高階管理人員，都不要為了工作而相互製造更多的工作。恰恰相反，他會鼓勵每一個人對每一個工作職位及每個管理層級質疑，看看它是不是真的需要設立。比如，兩個管理層級是否可以合併？每個職務的價值是否超過它的花費？這個職位的存在是否在製造不需要的工作，而不是對生產有益？如果回答為「是」，那就合併或精簡它。

麥高文深深懂得一個道理，那就是公司每增加一個管理層，實際上就是把處在最底層的人員與處在最高層的人員之間的交流，又人為的隔開了一層，所以 MCI 公司力求避免這種情況。由於精簡了管理層級，MCI 公司上上下下溝通快捷、有效，每個人都在努力的做最有價值的工作，因而整個公司變得富有生氣和積極，公司的效率大大提高。

其實，不僅僅是 MCI 公司，其他一些管理完善、極富效率的優秀公司也都曾為此努力過，它們的特點大都是人員精幹、管理層級少。比如，艾默生公司、達納公司的年營業額都在三億至六億美元之間，而每個公司總部的員工都不超過一百人。這些公司都明白，只要安排得當，五個層次的管理當然要比十五個層次的管理要好。

簡化管理層級，鼓勵人們減少不必要的工作，是最佳化管理的核心。

一般來講，企業規模越大，管理層級越多；在業務一定的情況下，管理層級越多，所需

人員越多，企業運行成本越高。所以，在企業能正常行使其管理職能的前提下，管理層級越少越好。

管理層級減少表現為一種扁平化組織結構，這種結構具有更多的優越性，主要表現在以下四個方面：

（一）有利於決策和管理效率的提高。管理層級越少，高層領導者和管理人員指導與溝通相對緊密，工作視野比較寬廣、直覺，容易把握市場經營機會，使管理決策快速準確。

（二）有利於組織體制精簡高效率。減少管理層級，必然要精簡機構，特別是一些不適應市場要求、能被電腦簡化或替代的部門與職位。

（三）有利於管理人才的培養。組織層次減少，一般管理人員的業務許可權和責任必然放大，可以激發下屬的工作積極度、主動性和創造力，增強使命感和責任感；也有利於培養下屬獨立自主發展工作的能力，造就一大批管理人才。

（四）有利於節約管理費用。管理層級減少，人員精簡，加上發揮電腦輔助與替代功能，實現辦公無紙化、資訊傳輸與處理網路化，可以大幅減少辦公費及其他管理費用。

第八章

創新是企業發展的靈魂——創新管理

企業的創新必須永遠盯在市場需求上。如果只是把焦點放在產品上，雖然能創造出技術的奇蹟，但也只能得到一個令人失望的結果。

——彼得．杜拉克

善於突破思維常規

在變革的年代裡，怎麼做比做什麼更容易過時。

杜拉克箴言

杜拉克認為，變革的領導者一定要審視所有的產品、服務、市場及流程，並自問：「就目前所知，如果我們還要進入這個領域，是否要依照舊有的經驗？」

美國有一家生產牙膏的公司，產品優良，包裝精美，深受廣大消費者的喜愛，每年營業額蒸蒸日上。紀錄顯示，公司前十年每年的營業成長率為百分之十至百分之二十，令董事會雀躍萬分。不過，進入第十一年、第十二年及第十三年時，業績停滯下來，每個月只能維持同樣的數字。

董事會對這三年的業績感到不滿，便召開全國經理級高層會議，以商討對策。會議中，有名年輕的經理站起來說道：「我手中有張紙，紙上有一個建議，若您要使用我的建議，必須另付我五萬美元！」

總裁聽了很生氣說：「我每個月都支付你薪水，另有分紅、獎勵，現在叫你來開會討論，你還要另外要求五萬美元。是否太過分了？」

「總裁先生，請別誤會。若我的建議行不通，您可以將它丟棄，一分錢也不必付。」年輕的經理解釋說。

「好！」總裁接過那張紙後，閱畢，馬上簽了一張五萬美元支票給那位年輕的經理。

那張紙上只寫了一句話：將現有的牙膏開口擴大一毫米。

總裁馬上下令更換新的包裝。

試想，每天早上，每個消費者多用一毫米的牙膏，每天牙膏的消費量將多出多少呢？這個決定使該公司第十四年的營業額增加了百分之十二。

謀略和智慧總能使人找到達到目標的方法，而勇氣和信心則使人勇於實現目標。兩者相輔相成，人生才能成功。只有真正的勇者才能做到「不怨天，不尤人」，既不抱怨老天爺不給機會，也不抱怨世界上沒有人了解他；只有真正的智者，才能做到凡事都有解決之道，既不埋怨問題很難，也不輕易說自己不行。

生活中有些問題不能解決，不是因為問題太過複雜，而是因為許多時候我們會受到思維慣性的束縛，只要我們換個角度想問題，問題就很容易解決。

有很多員工之所以工作多年而毫無起色，是因為他們沒有自己獨特的思維方式和創新能

力。儘管他們能夠勤奮努力的工作，但是卻沒有在工作中好好的展示自己的智慧，只能按照舊有的方式複製下去，一旦出現新問題，就會變得束手無策。這樣的員工永遠只能走在別人踩出的路上，自然不能達到新的境地。

勇於創新的員工總是能夠另闢蹊徑，找到更好的解決問題的方法。在當今激烈競爭的市場環境中，那些沒有新招數的企業只能被慢慢淘汰，只有不斷推陳出新的企業才能夠在不斷變化的環境中大放異彩。成功的管理者往往都能善於突破思維常規，創新觀念，拿出奇招。

凱瑪特（Kmart）是現代超市型零售企業的鼻祖。從一九九〇年開始，為了與前景看好的沃爾瑪進行較量，它斥資三十億美元，花了三年的時間，對原有的八百家商店進行了翻新，又設立了一百五十三家新的折扣商店。當時，沃爾瑪正從鄉村地區向凱瑪特所在的市區擴張。作為回應，凱瑪特的CEO也效仿沃爾瑪，用降低數千種商品的價格來提高自己的競爭力，進而發起了針對沃爾瑪的直接進攻。為了彌補其他商品的降價損失，凱瑪特開始增加能夠為企業帶來較高利潤的服裝的銷售。五年之後，這個付出龐大代價的降價策略，被證明是不成功的。凱瑪特的新店在執行該策略的最初三年裡，每平方英尺的銷售額由一百六十七美元下降到了一百四十一美元。凱瑪特所採購的服裝要麼積壓在倉庫，要麼清倉大拍賣。

這種直接的以硬碰硬、邯鄲學步的競爭傾向，是一種極具誘惑力的思路，而且一直誤導著人們。這個推理過程是這樣的：如果我們的競爭對手可以透過某種改變來獲得成功，那麼我們也可以做到。我們只需要效仿競爭對手一些很好的舉措，就可以成為市場的管理者。但事實上，競爭對手的改變不一定都是對的，而且它們的改變是根據自身條件所做出的，所以這種急躁的競爭模仿策略會誤導許多公司的經營者，使他們總是針對強大的競爭對手的優勢來進攻。只有對市場反應最靈敏、使用「奇」招的企業，才能夠占據最佳位置，從而最先獲得市場機會，賺得超額利潤。

眾所周知，麥當勞和肯德基是速食業的代表，它們連鎖經營的模式，歷來為飲食業所稱道。然而，我們卻很少看到中餐館連鎖經營成功的案例，難道是中式的飲食不如西方嗎？當然不是，關鍵是企業缺少創新思維，缺少資源整合意識。「奇正之術」運用到經營管理上，立刻就會成為管理者們致勝的法寶。出奇的產品、出奇的廣告、出奇的銷售方針、出奇的管理措施，都是管理者們獲取成功的拿手好戲。

客觀事物是在不斷變化的，無論是對個人還是企業，因此觀念也要隨之改變，唯有變，才能獲得發展機會。觀念決定了行為方式，如果我們把行為方式變「墨守陳規」為「開放想法」，這樣一替代，將會發現很多創新的機會。而要想不斷創新，就需要管理者時時發動觀念的革命，消除過時的思維，吸收新穎的想法，以觀念的變革來帶動企業的變革。

自我淘汰，自我創新

杜拉克箴言

一艘長年行駛在海上的船隻，必須清理那些附在船底的藤壺，否則牠們會降低船隻的速度並減弱船隻的機動性。

自然的規律，大概就像張弓射箭吧？舉高了就壓低一點，低了就抬高一點；弦拉過頭了就放鬆一點，拉少了就加多一點。在商場中，什麼樣的情況都會遇到，這就要求管理者有一個機智靈活的頭腦，善於隨機調整，自我淘汰，然後自我創新。

老鷹是世界上公認壽命最長的鳥類，牠的年齡可以達到七十歲。然而要活那麼長的時間，牠必須在四十歲時做出痛苦而重要的決定。

當老鷹活到四十歲時，爪子開始老化，無法有效的抓住獵物；喙變得又長又彎，幾乎碰到胸膛；翅膀也變得十分沉重，因為羽毛長得又濃又厚。這時，牠只有兩種選擇：等死或是經過一個十分痛苦的更新過程——一百五十天的脫胎換骨。

若選擇脫胎換骨，牠必須很努力的飛到山頂，在懸崖上築巢，停留在那裡，確保安全。

老鷹首先用牠的喙擊打岩石，直到完全脫落，然後靜靜的等候新的喙長出來。接下來，牠會用新長出的喙把指甲一根一根的拔掉。當新的指甲長出來後，牠再把羽毛一根一根的拔掉。幾個月後，新的羽毛長出來了，牠便又能夠自由翱翔，重獲三十年的歲月！

企業要想有長遠的發展，有些時候就必須做出困難甚至是痛苦的決定。企業做大固然好，但問題也是如影隨形的。正是因為「大」了，其「喙」、「爪」使得「執行力」衰退，其「毛」使「機體」日漸臃腫，「敏感度」也日益遲鈍，對市場的反應能力大不如前，企業就面臨著危機。這時候管理者就要痛下決心，革除弊端，重占市場。

很多跨國公司發展到一定程度時，都會將策略轉向以核心技術或主打品牌為主的方向，停產競爭力不強的產品，或者出售競爭力不強的部門，這就是所謂的「斷臂」。企業斷臂的過程就是清除「過去」羈絆的過程。它們之所以會這樣做，就是不想讓「過去」束縛了眼前的行動。

英特爾公司前總裁安迪·葛洛夫認為，創新是唯一的出路。不淘汰自己，競爭就會淘汰我們。

管理學大師彼得·杜拉克說：創新的同時，必須學會放棄。創新組織不會為了要捍衛舊時的事物而浪費時間或資源。有系統的放棄昨天過時的事物，才能騰出資源到新工作上，尤其

是最稀有的資源——才智之士。創新不僅是技術創新，還有策略、觀念、組織、市場、經營模式的創新，例如戴爾就是靠經營模式的創新，打敗了技術先進的IBM和HP惠普。

重塑企業戰鬥力，必須全面提高企業創新力。自我淘汰的本質就是創新，創新的過程就是自我淘汰的過程，企業要想不被對手所打敗，只有持續不斷的創新。

創新一定要有成效

任何組織思考出來的創意，會遠遠多於真正派上用場的。

杜拉克箴言

杜拉克認為，任何投入如果不能產生成果，那就不是成本，而是浪費。因此企業要千方百計促進創新產生成效。

耶誕節前，儘管寒風刺骨，冷氣逼人，但玩具店門前卻通宵達旦的排起了長龍。這時，人們心中有一個美好的願望：領養一個身長四十多公分的「椰菜娃娃」。「領養」娃娃怎麼會到玩具店呢？

原來，「椰菜娃娃」是一種獨具風貌、富有魅力的玩具，它是奧爾康公司總經理羅傑斯創造的。透過市場調查，羅傑斯了解到，目前玩具市場的需求正由「電子型」、「益智型」轉向「溫情型」，他當機立斷，設計出了別具一格的玩具「椰菜娃娃」。

與以往的洋娃娃不同，以先進電腦技術設計出來的「椰菜娃娃」千人千面，有著不同的髮型、髮色、容貌，不同的鞋襪、服裝、飾物，這就滿足了人們對個性化商品的要求。

另外，「椰菜娃娃」的成功，還有其深刻的社會原因。「離婚」對兒童造成心靈創傷，也使得得不到子女撫養權的一方失去感情的寄託。而「椰菜娃娃」正好填補這個感情空白，這使它不僅受到兒童們的歡迎，而且也在成年婦女中暢銷。

羅傑斯抓住了人們的心理需要大作文章，他別出心裁的把銷售玩具變成了領養「娃娃」，把它變成了人們心目中有生命的嬰兒。

奧爾康公司每生產一個娃娃，都要在娃娃身上附上出生證、姓名、手印、腳印，臀部還蓋有「接生人員」的印章。顧客領養時，要莊嚴的簽署「領養證」，以確立「養子與養父母」關係。

經過對顧客心理與需求的分析，羅傑斯又做出了創造性決定——配套銷售與「椰菜娃娃」有關的商品，包括娃娃用的床單、尿布、推車、背包，乃至各種玩具。

領養「椰菜娃娃」的顧客既然把它當作真正的嬰孩與感情的寄託，當然把購買娃娃用品看成是必不可少的事情。這樣，奧爾康公司的銷售額就大幅度成長。

如今，「椰菜娃娃」的銷售地區已擴大到英國、韓國等國家和地區。

羅傑斯正考慮試製不同膚色及特徵的「椰菜娃娃」，讓它走遍世界，以保持奧爾康公司在玩具市場上首屈一指的地位。

奧爾康公司靠發揮自己的想像力，虛構了惹人喜愛的「椰菜娃娃」，它又引發了一系列相關產品的誕生，使得奧爾康公司受益無窮。

如何在變化中成為贏家？只有制定出適應變化的策略，透過在目標與環境、實力之間進行搭配，才能夠幫助企業贏得未來。成功的策略管理是為企業未來發展提供合乎邏輯的方法，進行策略管理不能保證企業經營一定成功，但不進行策略管理，企業功能一定會失調，導致最終失敗。因此，對未來進行管理，是企業管理者在未來面前的必要選擇。

市場環境瞬息萬變，企業只有在變化中不斷調整發展策略，保持健康的發展活力，並將這種活力轉變成慣性，透過有效的策略不斷表達出來，才能獲得並持續強化競爭優勢，在變化中成為市場上的最大贏家。

由此可見，創新要想有成效，就必須不能忽視市場購買者的承受能力及未來趨勢。在創新中必須呈現市場導向。創新成果也需要在市場上得到最終的檢驗。創新成本和收益也必須完全由市場來買單。因此，必須充分了解市場對創新的影響作用，甚至可以說是決定性作用。唯有如此，才能提高創新的成功率。

④ 創新要以市場為導向

杜拉克箴言

企業的創新必須永遠盯在市場需求上。如果只是把焦點放在產品上，雖然能創造出技術的奇蹟，但也只能得到一個令人失望的結果。

管理大師杜拉克說：「企業的創新必須永遠盯在市場需求上。如果只是把焦點放在產品上，雖然能創造出技術的奇蹟，但也只能得到一個令人失望的結果。」在市場經濟條件下，市場是企業發展的根本，沒有市場，便沒有企業的生存。企業各種創新的效果也必須由市場來檢驗，創新是否滿足市場需求，是影響和決定企業命運的關鍵因素。

作為衛星行動通訊業開拓者的美國銥星公司，曾耗資五十億美元、花費十二年的時間

致力於技術創新，研究開發出了由六十六顆低軌道衛星組成的行動通訊網路，於一九九八年十一月一日正式投放市場。結果出乎意料，由於手機和服務費用非常昂貴，大多數人承擔不起，導致客戶稀少。

按照創新成本計算，要實現獲利至少需要有六十五萬家使用者，但一直到一九九九年八月初，該公司只有兩萬家用戶。這之間的差距無論做出多少努力也無濟於事，最終公司在無法按期償還巨額債務的情況下，只能於一九九九年八月十三日被迫向法院申請破產保護。

造成銥星公司破產的最關鍵問題是缺乏市場導向，忽視市場需求的變化，尤其是忽視了消費者的承受能力。由於技術突飛猛進，一九九〇年代以來，普通手機的價格和通話費急劇下跌，遠遠高於同行服務價格的銥星公司只有申請破產保護這一條出路。

創新不能背離市場需求。管理學大師熊彼得提出了創造性破壞理論，這個理論的核心觀點是，在市場的任何時期，都存在相對靜止的階段，在這個相對靜止的階段中，擁有競爭優勢的企業將獲得正的經濟利潤。但是該公司的競爭優勢不斷受到來自競爭對手的衝擊，能夠超越該公司的優勢並獲得競爭領先地位的企業，將在下一個相對靜止的時期繼續獲得正的利潤：而超越對手的唯一方法就是創新，並且是根據市場需求而做出的創新。

十九世紀中葉，美國加州出現一股淘金熱，許多人都懷著發財夢爭相前往。

當時，一個十七歲的小農夫布萊恩也想去碰碰運氣，然而，他卻窮得連船票都買不起，只好跟著大篷車，一路風餐露宿趕往加州。

到了當地，他發現礦山裡氣候乾燥，水源奇缺，而這些尋找金子的人，最痛苦的事情便是沒水喝。許多人一邊尋找金礦，一邊抱怨：「要是有人給我一壺涼水，我寧願給他一塊金幣！」或「誰要是讓我痛痛快快的喝一頓，我出兩塊金幣也行。」

這些牢騷，居然給了布萊恩一個靈感，他想：「如果賣水給這些人喝，也許會比找金礦賺錢更容易。」

於是，他毅然放棄挖金礦的夢想，轉而開鑿管道、引進河水，並且將引來的水過濾，變成清涼解渴的飲用水。

他將這些水全裝進桶子裡或水壺裡，並賣給尋找金礦的人們。

一開始時，有許多人都嘲笑他：「不挖金子賺大錢，卻要做這些蠅頭小利的事業，那你又何必離鄉背井跑到加州來呢？」

對於這些嘲笑，布萊恩毫不為之所動，他專心的販賣他的飲用水，沒想到短短的幾天，他便賺了六千美元，這個數目在當時是非常可觀的。

在許多人因為找不到金礦而在異鄉忍飢挨餓時，發現商機而且善加運用的布萊恩，卻已

經成了一個小富翁。

滿足市場需求，創造市場價值，是任何企業進行創新活動時必須遵守的守則。創新體系能不能為市場發展服務，創新成果能不能及時轉化為產品的市場競爭力，是評判一個企業市場反應機制、技術提升水準和協調管理能力等綜合素養高低的重要指標。如果一個企業的創新成果不能為市場接受，那麼這個企業的創新實力再強，最終也會被淘汰。

企業的創新價值需要透過市場機制來實現，企業創新最終環節是投入市場，只有能經受得起消費者的考驗，才能獲得生存和發展的空間。

所以，管理者的首要任務不是檢測創新本身，而是觀測企業的產品或服務是否因創新而更受歡迎。由此可見，所謂創新創造的價值，就是指創新帶來的市場價值、消費者眼中的購買價值和使用價值。按照這種觀點，一個無法銷售出去的創新產品是不具有市場價值的，也就不可能是有價值的創新。

⑤ 創新，就不要害怕失敗

杜拉克箴言

拒絕變革源於無知和對未來的恐懼。

杜拉克認為，如果企業內部自我認為「企業現在這種良好形勢會一直保持下去，只要完美做好本職工作，企業就能長盛不衰」，那麼這家企業就離倒閉之日為時不遠。因為這種思維會在企業內部形成一種不思進取、官僚保守的企業文化，最終使企業失去活力，逐漸僵化，從而陷入沒落。

美國有家鑽石天地公司，成立伊始想開採鑽石，由於地質勘探犯了一個錯誤，沒找到鑽石，卻發現了世界上最大的鎳礦；李維．史特勞斯起初想在加州開挖金礦發財，碰了壁，轉而用帆布縫製礦工穿的褲子，現在Levi's牌的牛仔褲已風靡世界；如果愛迪生一直在公司裡做職員，他也不會發明為全世界帶來光明的電燈泡；哥倫布在開闢航道時要是不犯錯誤，他就不會發現美洲的新大陸，也就很可能沒有今天的美國。

錯誤是成功的開始，就拿美國的山德斯聯合公司來說吧，該公司是紐澤西州最大的工業

企業，在美國的精密國防電子裝備，以及用於商業方面的電腦繪圖等先進領域均居於領先地位。就是這樣一個技術力量雄厚的公司，在投資商用電腦終端機時卻遭到了失敗。商用電腦終端機在當時是很具有吸引力的一項商業投資。二十世紀末，山德斯聯合公司決定生產用於預約業務及帳務系統的商用電腦終端機。

這一項新的投資與它原來已經獲得成功的雷達、電子元件及反潛戰系統等業務大不相同。這項新的業務需要在消費者面前與像 IBM 之類的大公司決一勝負。山德斯聯合公司只長於為國防方面買主提供精密細膩的高級產品，而商用品的買主並不重視精密細膩的優點，只注重使用方便，這就註定了山德斯聯合公司要失敗。後來山德斯公司又發展了電腦輔助設計和電腦輔助製造系統的終端機，結果都失敗了。正如山德斯聯合公司的董事長包尼斯所承認的：「我們選擇了錯誤的產業。」

經過幾年的摸索之後，山德斯聯合公司對自己的經營進行了認真的總結分析，找到了問題的癥結所在，認為：「我們所生產的終端機的確是再好不過了，但我們缺乏行銷和服務技巧。我們的產品設計得雖然很好，但卻已被別人抄襲仿冒，而外行的使用者卻對我們的設計不欣賞。」於是，山德斯公司又重新集中力量，發展軍事方面產品的業務，製造電子武器，如指揮與控制體系、海洋追蹤監視系統以及電腦測試裝備。而且在策略研究上用了兩年時間，發展了一種新的商業產品——互動製圖器，這與以前失敗的商用電腦終端機的投資情況大不相同。山德斯聯合公司以高科技策略，很快擠進電腦繪圖器這一市場已經發育成熟的產業。到一九八四年，山德斯聯合公司的新策略有了收穫，製圖器系列產品的營業額達到兩億五千五百萬美元，淨收益兩千五百萬美元；在國防電子產品方面，年銷售收入接近五億美元。

山德斯的成功，足可印證想成功就不要怕失敗，只有經過一次次探索才能前進。經驗是在摸索中累積的，有勇氣的人，才有機會觸摸成功並抓住它。

大多美國企業的管理者都知道要想讓員工勇於創新，就要先讓創新者打消害怕失敗遭受懲罰的念頭。這些管理者深明這樣的道理：要想進行卓有成效的創新，就得進行不同形式的嘗試，並在嘗試中保留正確的東西，摒棄那些無效的東西。所以，要進行創新，首先必須建立起「失敗後還有明天」的思維，創造更加自由寬鬆的人文環境，讓「接受失敗，容忍失敗」成為一種普遍認同的文化。

奧的斯電梯公司就是這樣一家典型的美國企業，它的總裁蘇米特拉·杜塔就對員工宣揚這樣的觀點：「放手去做你認為對的事，即使你犯了錯誤，也可以從中得到經驗教訓，不再犯同樣的錯誤。」這樣一來，企業的所有員工便可以放心大膽的去探索、實驗、發揮創意，為企

業做出一番貢獻。

蘇米特拉·杜塔經常鼓勵下屬，他說：「如果我們只知道執行上司認為對的事情，這個世界永遠也不會加速進步。」他要求公司的每一個主管，必須鼓勵和培養員工的創造力和毅力。「年輕人總是有些創意的，主管不應該只懂得向他們填塞那些現成的觀念，這樣可能會扼殺不少本來很好的創意。」蘇米特拉·杜塔還認為，企業不宜將員工的職責範圍定得太細、太清楚，這樣既不聰明，也沒有必要。只有管理者把所有員工視為一家人，員工才會安心自覺的做好力所能及的事。否則，只會限制員工的創意和靈感的發揮，損傷創造力。在奧的斯電梯公司，是不允許責罰犯了錯誤的員工的，解決問題的關鍵是找出犯錯的原因，而不是懲罰犯錯誤的人。

有一位公司的總裁曾經對蘇米特拉·杜塔抱怨說，公司裡有時會出點差錯，但又找不出該負責任的員工，真不知為什麼。蘇米特拉·杜塔趕緊回答，找不出是好事，如果真找出那位員工，可能就會影響其他員工。他說：「任何人都可能犯錯誤，我也犯過錯誤。例如，我們奧的斯系統是一種領先於時代的產品，雖然這是一種革命性的電梯系統，但是公司進入市場的時機卻不恰當。本來我們奧的斯系統最適合於超高層建築，但正好在亞洲金融危機前的幾個月推入了市場，幾週後這一世界上最大的、最有生機的新摩天大樓市場就崩潰了。我的決策出現了失誤。」他繼續說，「誰也免不了犯錯誤，尤其是在創新過程中更是如此，但是從長遠來看，這些錯誤也不至於動搖整個公司。錯誤也許不可原諒，但是犯錯的人卻是可以原諒的，如果一個員工因犯錯誤而被剝奪升遷機會，也許就此一蹶不振，誰還願意為公司做更大貢獻呢？假使犯錯誤的原因找出來了，公諸於眾，無論是犯錯誤還是沒犯錯誤的人，都會牢記在心的。」

在蘇米特拉．杜塔的奧的斯電梯公司，所有員工都勇敢創新不怕犯錯，因為他是這樣告訴他的員工的：「員工犯點錯誤不奇怪，我們應該像對待小孩犯錯誤一樣，要幫助他而不是拋棄他。特別要耐心找出犯錯誤的原因，避免他或別的人再犯，這不但不是損失，反而獲得了教訓。在我多年的領導生涯中，還真找不出幾個因犯錯誤而想開除的人呢。」

⑥ 創新需要實踐的考驗

杜拉克箴言

如果把創新的目標定位在掀起產業革命，大都不會成功。創新最好從小

規模開始著手，只需要少量的資金、人員及狹小的市場。

提到創新，管理者也許首先會想到各種有創意的「點子」。事實上，很多管理者都鼓勵自己的員工有「聰明的點子」。在很多人看來，創新就是「心血來潮或者是靈光乍現」的產物，是靈機一動。但真的是這樣嗎？

杜拉克提出了完全不同的看法，他在《創新與創業精神》一書中這樣寫道：「創新——本書的一個主題——是可組織、系統化的、理性的工作。」同時，他提出了一個關於創新的明確概念：「創新可以被定義為一項賦予人力和物質資源，以更新和更強創造財富的能力的任務。」

杜拉克認為創新是可以有計畫、被組織的理性工作，它並不依靠於虛無縹緲的「靈感」。杜拉克說：「成功的企業家不會坐等『繆斯的垂青』，賜予他們一個『好主意』，而是努力投入。總而言之，他們並不求驚天動地，比如希望他們的創新將掀起一場產業革命，或者建立一個『億萬資產的企業』，或一夜之間成為巨富。有這種大而空、急於求成想法的企業家註定要失敗，大多數都會走錯路、做錯事。一個看似偉大的創新結果，可能除了技術精湛外什麼也不是；而一個中度智慧的創新，如麥當勞，反而可能演變成驚人且獲利頗豐的事業。」

我們看到很多寫給管理者的書籍上，所描述的大部分新企業都是建立在「聰明的點子」

之上的：拉鍊、原子筆、噴霧器、易開罐等等都是聰明點子的產物。

但是杜拉克告訴我們：「『聰明的點子』是風險最大，成功機率最小的創新機會來源。這種創新中只有不到百分之一的專利可以獲得足夠多的錢補回開發成本和專利費用。」

他舉例說：「歷史記錄的最偉大的創造天才首推達文西。他的筆記本上每一頁上都有一個驚人的主意——潛水艇或直升機或自動鑄排機。但這些都沒有轉化為技術和材料的創新。事實上，在當時的社會和經濟中，它們都不會被人們接受。」

幾乎所有人都知道瓦特發明了蒸汽機，但實際上他不是蒸汽機的真正發明者：翻開科技史，你會發現，西元一七一二年紐科門製造了第一台蒸汽機，英國一個煤礦曾利用它來抽水。

但是燃燒發動機的真正「發明者」既不是紐科門，也不是瓦特，而是英裔愛爾蘭化學家波以耳，他發明這種發動機純屬「靈光乍現」。只是波以耳的發明沒有成功，也不可能成功。因為他利用火藥的爆炸來推動活塞，這種方法會把汽缸弄髒，每一個衝程都要把汽缸取出來清洗一次。波以耳的想法首先啟發了他的助手帕潘，然後是紐科門，最後是瓦特開發出了可行的蒸汽機。

而在瓦特之後，「蒸汽機」這個劃時代的創新，才真正被應用於大工業的生產，也直到這個時候，「蒸汽機」這項「發明」才成為真正意義上的「創新」。

天才波以耳所擁有的只是聰明的點子，它並不屬於科技或發明。這些「點子」只有在「發現」它的人充分掌握知識和技能，在有系統的組織和計劃下，使之能夠擁有使用價值，才能夠稱得上是「創新」。

杜拉克說：「在創新與創業精神的理論和實踐中，聰明點子的創新是附屬的。但是，它必須受到人們的賞識和回報。它代表著社會需要的特質：積極、雄心和靈性。」

但我們必須明白創新和「點子」的差別。「點子」僅僅是一種帶有創意的想法，它如果想成為有價值的「創新」，就必須接受實踐的考驗。

王永慶早年因為家裡條件不好讀不起書，只好去做買賣，十六歲他就從老家到嘉義開了一家米店。當時，小小的嘉義已經有近三十家米店，競爭非常激烈。

當時僅僅只有兩百元資金的王永慶，只能在一條偏僻的巷子裡承租一個很小的店面。他的米店開業最晚，規模最小，更談不上有什麼知名度了，可以說是沒有任何優勢。在新開張的那段日子裡，米店生意冷冷清清，門可羅雀。

為了打開銷路，王永慶只能背著米挨家挨戶去推銷，可是，一天下來，人不僅累得半死，效果也不太好。誰會去買一個小販上門推銷的米呢？

那怎樣才能打開銷路呢？王永慶覺得要想在市場上立足，必須有一些別人沒有的優勢才行。於是，他決定從每一粒米上頭下手。

日治時期的臺灣，農民還處在手工作業狀態，由於稻穀收割與加工的技術落後，沙子、小石子之類的雜物很容易摻雜在米裡。人們在煮飯之前，都要淘好幾次米，很不方便。但大家都已見怪不怪，習以為常了。

王永慶卻從這習以為常的日常習慣中找到了切入點。他帶著兩個弟弟一起動手，一點一點的將夾雜在米裡的秕糠、砂石之類的雜質撿出來，然後再賣給顧客。於是，鎮上的人都說王永慶的米品質好，省去了淘米的麻煩。就這樣，一傳十，十傳百，米店的生意也日漸興旺起來。

但王永慶並沒有就此滿足，在提高米的品質的同時，在服務上也更進了一步。

那時候，顧客都是上門買米，自己運回家。這對於年輕人來說不算什麼，但對一些上了年紀的人來說，就非常不方便了。可是，年輕人整天在外工作，根本沒時間來買米，所以，買米的顧客以老年人居多。

聰明的王永慶注意到這一細節，於是主動送米上門。這一方便顧客的服務措施大受顧客歡迎。

更重要的是，王永慶送米並非送到顧客家門口就結束了，他還將米倒進米缸裡。如果

米缸裡還有陳米，他就將陳米倒出來，把米缸擦乾淨，再把新米倒進去，然後將陳米放回上層，這樣，陳米就不會變質了。

而且，每次替新顧客送米，王永慶都會細心記下這戶人家米缸的容量，並且詢問這家有多少人吃飯，有多少大人、多少小孩，每人飯量如何……據此預測該戶人家下次買米的大概時間，記在本子上。等時候到了，王永慶不等顧客上門，就主動將相應數量的米送到客戶家裡。

更加了不起的是：有些顧客，不是吃完米就立即有錢買米，因為還沒有發薪水。王永慶又推出一項新的服務措施：

先把米給客戶，記好別人發薪水的時間，在他發薪水的第二天或第三天去收費就行了。

於是，他那家在小巷裡的米店，竟然成為了生意最好的米店。

王永慶掌握了做一流商人的祕密——起步點越低，越容易成功，之後不斷發展，最後成為了臺灣的首富。

一個人的觀念決定行動，行動導向結果。說到底，人和人的競爭、企業和企業的競爭，最終都是思維方式的競爭。一個因循守舊、不善變革的人，很難在競爭中處於有利地位。卓越的管理者都善於從不同的思維角度尋找解決問題的辦法，他們不會坐井觀天，而是站在時代的浪頭，以變革思維引導企業的前進和發展。

讓創新創造價值

杜拉克箴言

創新的考驗在於能否創造價值。

杜拉克認為，創新的考驗也是對品質的考驗，並不是「我們是否喜歡這個創新」而是顧客「是否願意花錢去購買這個創新」。這就要求管理者一定不要理想化，而要對市場有一個清楚的認識，讓創新創造價值。

不斷求變，以變革求生存圖發展的創新精神，對於管理者來說，實在是太重要了。管理者的創新精神，是將「變」看成是企業經營的一種正常現象和準則。一個有頭腦、有韜略的管理者，總在尋求變化並對變化做出反應，把變革作為一個可供開發的機會。變革精神，從實質上說，也就是一種創新精神。因為正是對現狀不滿，才使他們甘冒風險去變革，去做一些新的事情。管理者最乏味於循規蹈矩，最討厭人云亦云，他們天生就是「破壞者」。

創新精神，是管理者生命中最閃亮的部分。一個管理者什麼時候思想僵化，停止創新，那他就會在什麼時候結束「管理者生命」。而只有不斷創新，他才會永保青春活力，企業才會有蓬勃生機。

優秀的管理者總是領導著市場的新潮流，他們具有前瞻意識，領先一步，走在市場的前列，率先跨入新領域，他們不斷開闢新市場。

日本三洋公司的開拓者井植薰說：「世界上沒有任何現成的道路可走，前輩留給我的只是一條已經走過的路。人生之路需要自己去開拓，開拓就意味著不斷的探索，意味著去排除一切障礙，披荊斬棘，勇往直前。」求變方能求生，不變死路一條。三洋如此，成功的企業莫不如此。伴隨著全球化技術革命的發展和網路時代的到來，創新也不再僅僅是對市場需求的快速反應。在做好今天的同時，企業更需要關注未來的發展，企業領導更要有富於前瞻性的策略眼光。領先市場需求一小步，就是推動企業發展一大步。

⟨8⟩ 更新觀念，消除過時思維

杜拉克箴言

從已經發生的改變，到人們感受和接納這種改變之間存在著時間差，創新就是要運用這種時間差。

企業要想有更好的發展，作為未來企業發展的管理者，必須要看清潮流，超前思考，確保企業創新決策的前瞻性。

惠普公司如今的發展，就和他們的領導階層不斷鼓勵員工創新觀念有關。惠普公司從最開始的電子儀表領域到工程用電腦的研發與開發，再到商用小型機、電腦設備、印表機、UNIX 系統；從網路軟體，到個人電腦及惠普推動的電子化服務，公司一直在不斷改變、創新。雖然每一個新產品的推出，都是一個非常艱辛漫長的過程，但惠普依然不懈的努力，而這正是惠普得以在激烈的市場競爭中立足的根本原因。

惠普的創始人之一大衛普克德曾經指出，惠普公司之所以能夠保持不斷的創新，主要有以下幾個方面的原因：公司鼓勵創新者們創新；創新者們的敬業；生產工藝的不斷創新。而

在這三個因素中，發揮最大作用的當屬「鼓勵創新者們創新」這一管理措施。在惠普公司，實驗室裡的經理們每天的一項重要任務就是，保持並激發研究員們創造的熱情，鼓勵他們不斷產生新想法，保證公司研發出來的產品能在利潤期內獲得最大利潤。

惠普的管理者「戴帽子的過程」最能說明他們是如何鼓勵員工進行創新的。當員工產生了一個新想法並找到管理者時，他們會戴上一頂「熱情」的帽子，認真的傾聽他們的想法，並適當的表示驚訝或讚賞，同時問一些溫和的問題，以鼓勵其繼續深入下去。幾天以後，他們會把這名員工再叫來，這回他戴的是一頂「詢問」的帽子——提出一些非常尖銳的問題，促使這些創新者對他們的想法進行激底的探討，以確定這項提議是否可行、有無價值和能否為企業帶來利益。不久以後，管理者又會第三次會見這位革新者，這時他所戴的是「決定」的帽子。經過嚴格的邏輯推理和縝密的思索後，對創新者的創意做出判斷，並下結論。

惠普的這種管理方式，使得員工的創新不管是得到支持還是被否決，都不會挫敗他們的創新熱情，反而更加激勵他們，使他們更加努力的繼續思考和研究，做出有益於企業的新想法、新提議。而惠普之所以採用這種領導方式，是因為惠普的管理者們認為每一個惠普人都要有創新的欲望，因此他們鼓勵員工透過參加公司及外部組織的各種知識培訓，增強創新的知識基礎。

在這樣的環境中，惠普的每一名員工都非常踴躍的進行創新，即使他們的部門管理者否定了這個新想法，通常也並不能真正的扼殺它。忠實擁護這些想法的工程師們會偷偷的鑽研下去，因為他們堅信他們的想法會成為現實，會為公司帶來超乎想像的利益。而惠普的這種做法也為其帶來了許多收益，伯特．杜克是惠普的一位工程師，當他正在研發一種顯示監視器時，上級卻通知他放棄研究。但是他並沒有這麼做，而是透過深入的市場調查，說服了研究與開發經理把這種監視器投入生產。結果，惠普公司透過銷售一萬七千台這種顯示監視器，賺取了三千五百萬美元的利潤。

正是由於惠普領導階層的這種鼓勵創新的思想，激發了員工們的創新意識，並為惠普帶來了可觀的利益。而同時，管理者也注重在鼓勵創新的同時給予獎勵，不僅是物質上的——惠普會把由於員工創新所帶來的利潤的一部分獎勵給員工，還有精神上的獎勵，伯特．杜克在成功的研發出新型顯示監視器後，總裁大衛親自授予了他一枚獎章，獎勵他「超乎工程師的正常職責範圍，表現出異乎尋常的藐視上級指示」的精神和態度。

客觀事物是在不斷變化的，無論是對個人還是企業，因此觀念也要隨之改變，唯有變，才能獲得發展機會。觀念決定了行為方式，如果我們把行為方式變「墨守陳規」為「開放想法」，這樣一替代，將會發現很多創新的機會。

英國倫敦的時裝設計師艾爾莎·湯普森，同時也是一個跨國租賃高級晚禮服公司的富豪。她在成功做大了高級晚禮服的租賃市場後，以此作為獲利謀生的方法，時裝設計就可以隨心所欲，不必擔心外界市場不認同，設計反而更加出色。艾爾莎的雙重成功，可以說完全得益於她發現了晚禮服租賃這個商機的獨到眼光與超前思維。

英國是個很注重禮儀的社會，各種社交活動很多，人們參加社交活動時，對穿著非常講究。但大多數人收入並不高，買不起華貴的服裝。有一次，艾爾莎的朋友因為要出席皇家宴會而沒有合適的晚禮服，緊張得如熱鍋上的螞蟻。這件事令她醒悟到，女士們遇到這一困境是很常見的，如果可以付較少的錢，就能穿一晚稱心如意的晚禮服出席上流階層的活動，的確是件又光彩又省錢的事，這成為許多婦女的共同心願。

艾爾莎有了這一想法後，做了大量的調查，並且諮詢了大量的婦女，證實這種困境不僅存在於普通百姓身上，有錢人亦不例外。因為不管是多麼華麗名貴、款式多麼時髦的晚禮服，若連續在宴會上穿上兩次，都會遭到別人的背後嘲笑。這樣即使是有錢人亦會為大量的治裝費而憂慮。於是，她確定了發展晚禮服租賃業務的經營目標。籌措了一筆資金後，艾爾莎買回了各種款式的歐美名設計師設計的晚禮服，價值每套由數百美元到數千美元不等。晚禮服租出一夜的租金每套為七十五至三百美元，另加收兩百美元的保證金。出租店的範圍後來又逐漸擴展到包括配飾、手提包、首飾、肥胖者及孕婦用的晚禮服，乃至男士用的服裝等，一應俱全。

果然不出所料，她的租賃生意十分興旺，不少客人是朋友介紹來的。而且那些女士太太們毫不介意的告訴別人，自己的晚禮服是租回來的。人們並不認為這樣不光彩，反而覺得划算及明智。這樣一來，艾爾莎的業務越做越大，在倫敦開了兩間店後，還越洋到美國紐約開了分店。現在，她已經成為了最富有的時裝設計師之一，她的租賃店名聲也越來越好。一九八六年安德魯王子結婚前夕開舞會時，出席的女士中有不少人穿著的服裝及佩戴的飾物都是由她的店裡提供的。

經濟學中把這種在不損害一方利益的前提下，可以改進另外一方利益的情況稱為「柏拉圖改善」。也就是說，出租在使顧客從原來的不能使用到獲得使用價值的同時，商家也透過交易獲得了利潤，形成了「柏拉圖改善」。租賃比較適用於成本較大又可以多次使用的商品，比如我們剛才提到的晚禮服。

總之，我們無法不去欣羨那些租賃行業的老闆們口袋越來越鼓，可是欣羨的同時，我們也應該意識到，人家的腰包變鼓是因為人家有眼光，有超前思維。我們該做的是什麼？答案不言而喻。

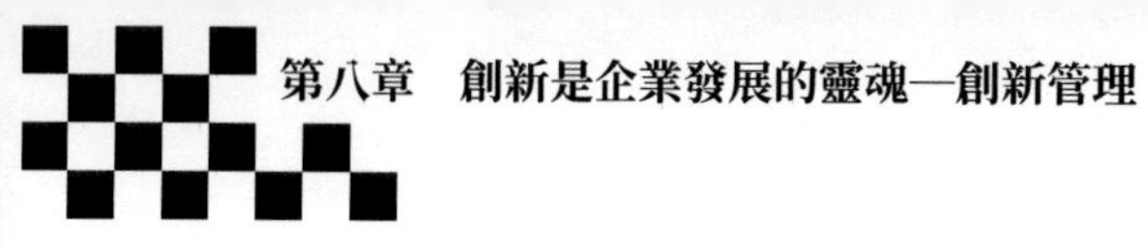

國家圖書館出版品預行編目資料

杜拉克說管理：精準策略，彼得杜拉克 8 大管理 DNA / 黃榮華，徐元朝 著 . -- 第一版 . -- 臺北市 : 沐燁文化事業有限公司 , 2023.09
面； 公分
POD 版
ISBN 978-626-7372-00-5(平裝)
1.CST: 管理科學 2.CST: 企業管理 3.CST: 策略管理
494 112012605

杜拉克說管理：精準策略，彼得杜拉克 8 大管理 DNA

作　　者：黃榮華，徐元朝
發 行 人：黃振庭
出 版 者：沐燁文化事業有限公司
發 行 者：沐燁文化事業有限公司
E-mail：sonbookservice@gmail.com
粉 絲 頁：https://www.facebook.com/sonbookss/
網　　址：https://sonbook.net/
地　　址：台北市中正區重慶南路一段六十一號八樓 815 室
Rm. 815, 8F., No.61, Sec. 1, Chongqing S. Rd., Zhongzheng Dist., Taipei City 100, Taiwan
電　　話：(02) 2370-3310　　傳　　真：(02) 2388-1990
印　　刷：京峯數位服務有限公司
律師顧問：廣華律師事務所 張珮琦律師

定　　價：399 元
發行日期：2023 年 09 月第一版
◎本書以 POD 印製